STEFAN MAYER | HUBERT KAPP

Schuss und Anschuss

DIE PROFITIPPS DER SCHWEISSHUNDESTATION SÜDSCHWARZWALD

KOSMOS

☞ Inhalt

VORWORT

Im deutschsprachigen Raum werden jährlich bei den verschiedenen Jagdarten Ansitzjagd, Bewegungsjagd und Pirsch weit über drei Millionen Schüsse auf Schalenwild abgegeben. Dabei ist der Jäger, allein schon der Witterung, des Geländes und der Jahreszeit wegen, immer wieder mit neuen Situationen bei der Schussabgabe konfrontiert. Daher ist es auch nicht ungewöhnlich, wenn nicht jeder Treffer dort sitzt, wo es der Schütze beabsichtigt hatte. In vielen Fällen verschwindet das beschossene Wild nach dem Schuss aus dem Sichtbereich des Jägers. In diesen Fällen ist es außerordentlich wichtig, dass sich der Schütze entsprechend der Trefferlage richtig verhält. Um aber den Sitz der Kugel zu bestimmen, ist nicht selten eine detaillierte Spurenauswertung notwendig. Dazu gehört ein hohes Maß an Erfahrung, Übung und Verantwortung.

Durch unsere langjährige Tätigkeit als Schweißhundeführer haben wir schon Tausende von Anschüssen gesehen, die beteiligten Jägern auf die Indizien, also Pirschzeichen am Anschuss, hingewiesen und ihnen deren Auswertung erklärt. Begeistert von unserem nahezu kriminalistischen Vorgehen animierten uns etliche Jäger, unser Wissen preiszugeben. So entstanden unsere Anschussseminare. Jährlich nutzen eine Vielzahl interessierter Jagdscheininhaber und Jungjäger dieses Fortbildungsangebot. Gemäß unserem Motto „aus der Praxis, für die Praxis“ erklären wir das richtige Verhalten vor und nach dem Schuss. Traditionen werden dabei kritisch hinterfragt und reichlich alte Zöpfe abgeschnitten. Immer wieder wurde dabei auch der Wunsch nach einem weiterführenden Seminar laut. Da aber ein Großteil der Fortbildung zu diesem Thema jeder Jäger im Selbststudium machen sollte, ist das vorliegende Buch für uns der richtige weitere Schritt.

Mit ihm wollen wir den Jägern Hilfestellungen an die Hand geben, anhand derer sie sich rund um Schuss und Anschuss – naturgemäß wird es in diesem Buch nur um den Kugelschuss auf Schalenwild gehen – möglichst optimal verhalten können. Ziel ist es, einen Anschuss richtig zu deuten, um einmal dem beschossenen Stück unnötige Leiden zu ersparen und/oder andererseits hochwertiges Wildbret vor dem Verderb zu bewahren.

Im Sinne einer handwerklich sauber ausgeübten, tierschutzgerechten Jagd wünschen wir Ihnen viel Freude beim Lesen, aber auch die eine oder andere selbstkritische Reflektion ihrer bisherigen Gewohnheiten ... Leserinnen und Jägerinnen mögen es uns nachsehen, wenn wir der Einfachheit halber in diesem Buch nur die männliche Form, also „Jäger“ oder auch „Schütze“, verwenden.

Zur Blattzeit

Stefan Mayer &
Hubert Kapp

VOR DEM SCHUSS

DIE SCHUSSBEDINGUNGEN

Weit vor der Schussabgabe muss der Jäger durch richtiges Verhalten, genaues Beobachten und das Einprägen von Details dazu beitragen, allen Beteiligten das weitere Vorgehen zu erleichtern. Zunächst vereinfacht er sich selbst damit das eigenständige Auffinden des Anschussbereichs. Kann er das beschossene Stück selbst nicht finden, erleichtert er auf jeden Fall einem später hinzugeholten Schweißhundeführer die Arbeit, wenn er ihn mit vielen präzisen Informationen versorgen kann.

Daher beginnen die richtigen Vorbereitungen für eine Anschusssuche oder auch eine Nachsuche schon vor dem Schuss.

STANDORT UND UMFELD

SCHÜTZENSTANDORT

Bei der klassischen Jagd von Ansitzeinrichtungen aus ist der Standort des Schützen mit seinem Gewehr recht einfach wiederzufinden. Deutlich schwieriger ist dies bei der Pirschjagd oder auch bei nicht optimal organisierten Bewegungsjagden, auf denen den Schützen ihre Stände nicht zweifelsfrei zugewiesen werden. Hier besteht dann die erste Aufgabe des Jägers darin, seinen Standplatz eindeutig zu markieren. Dies ist notwendig, damit später gegebenenfalls die Flugbahn des Geschosses rekonstruiert werden kann. Diese Rekonstruktion der Geschossflugbahn bietet dem Jäger eine Fülle an Informationen. So ist beispielswei-

Wird von einer Ansitzrichtung aus geschossen, ist der Schützenstandort eindeutig.

STANDPLATZMARKIERUNG

Zur Kennzeichnung des Standplatzes hat sich Papiermarkierungsband bewährt (s. Seite 45). Es wird genau in der Höhe angebracht, in der sich die Büchse bei Schussabgabe befand. Der Knoten zeigt zu der Seite, an der das Gewehr ggf. angestrichen war. Das erleichtert das eventuell notwendige „Peilen".

se sehr schnell zu erkennen, ob der Schütze den angenommenen Standplatz des Wilds überhaupt einsehen bzw. dorthin schießen konnte. Waren Hindernisse, häufig Äste, in der Flugbahn? Für das Peilen vom Kugelriss aus (siehe hierzu Seite 59) und vor allem zur Bestimmung des exakten Anschussbereichs mit Hilfe einer Geländemarke ist der Schützenstandort eine unerlässliche Information.

ZULÄSSIGES SCHUSSFELD

Dies ist die erste und überaus wichtige Frage, die sich jeder Jäger stellen muss, wenn er eine Schussabgabe in Erwägung zieht. Dahinter steht eine ganze Reihe von Sicherheitskriterien. Die Sondierung des Schussfelds entspricht quasi einer Art Gefährdungsanalyse, wie sie heute für jeden Arbeitsplatz und jede Tätigkeit gefordert wird. Sämtliche der folgenden Fragen müssen eindeutig mit „ja" beantwortet werden können, anderenfalls hat eine Schussabgabe zu unterbleiben.

1. Ist ein sicherer Kugelfang vorhanden?
2. Ist die Geschossflugbahn frei von Hindernissen?
3. Ist im Hintergrund niemand (Wild / Mensch / Hund)?
4. Ist die Schussentfernung für mein Kaliber und Können geeignet?

DER KUGELFANG

Die Frage nach geeignetem, weil sicherem Kugelfang wird häufig stark vernachlässigt. Vermutlich ist es nicht zuletzt der geringen Anzahl Erholungssuchender in den Revieren während der Hauptjagdzeit in den frühen Morgen- und Abendstunden zu ver-

Kugelfang ist immer nur der „gewachsene Boden". Hier ist er vorhanden.

danken, dass es nicht zu mehr Unfällen mit abgeprallten Jagdgeschossen oder Geschosssplittern kommt. Verschiedene Untersuchungen, u. a. von der Deutsche Versuchs- und Prüfanstalt für Jagd- und Sportwaffen (DEVA) aus dem Jahr 2009, belegen, dass ein Büchsengeschoss beim Eintritt in weiches Erdreich einen Mindestwinkel von 10 Grad nicht unterschreiten darf, weil das Projektil sonst mit großer Wahrscheinlichkeit nicht in den Boden eindringt, sondern abprallt. Eine entsprechende Gefährdung des Hinterlandes ist die Folge. Bei einem auf ebener Erde stehenden Schützen wird dieser Winkel schon ab einer Schussentfernung von zehn bis zwölf Metern unterschritten! Die Notwendigkeit von Drückjagdböcken bei Bewegungsjagden wird daraus deutlich.
Nie dürfen Forstwege oder sonstige befestigte Flächen als Kugelfang betrachtet werden. Das Eindringen des Projektils ist hier praktisch unmöglich und dessen Abprallen und oft auch Zerlegung vorprogrammiert. Querschläger aber haben ein enorm großes Gefährdungspotenzial. Jagdeinrichtungen oder Schützenstände an Forstwege als Schussschneisen zu platzieren, ist daher grob fahrlässig.

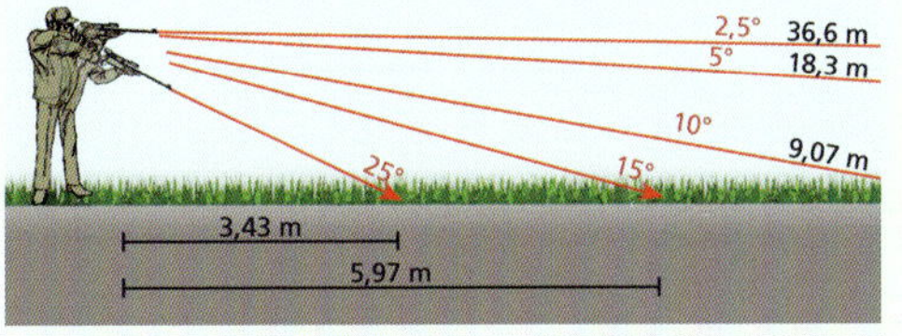

Trifft das Geschoss nicht in einem Winkel von mind. 10 Grad auf, dringt es wahrscheinlich nicht in den Erdboden ein, sondern prallt ab.

Befestigte Wege bieten niemals sicheren Kugelfang. Schon aus Sicherheitsgründen gehört hier kein Schützenstand hin!

Nicht immer sind Hindernisse in der Schussbahn so deutlich zu erkennen wie hier.

HINDERNISSE IN GESCHOSS-FLUGBAHN

Zielfernrohre sind in aller Regel so eingestellt, dass das Wild in etwa 100 Metern Entfernung scharf zu sehen ist. Hindernisse in der Geschossflugbahn – dies sind vor allem dünnere Zweige und Äste – werden nur wahrgenommen, wenn sie nahe am Ziel sind. Äste und Zweige in der Nähe des Schützen tauchen im Zielfernrohr allenfalls verschwommen auf. Erkennen kann sie der Jäger nur, wenn er die Situation auch einmal mit bloßem Auge betrachtet. Äste und Zweige in der Flugbahn können zu deutlicher Treffpunktverlagerung und/oder zum Aufpilzen des Geschosses führen, Splitterverletzungen, Randtreffer und Steckschüsse dann die Folge sein. Je weiter das Hindernis vom eigentlichen Ziel entfernt ist, umso größer sind im Regelfall die Abweichungen.

Gras oder auch dünnere krautige Pflanzen beeinflussen die modernen Geschosse in aller Regel weniger. Trotzdem sollten Schüsse durch Vegetation möglichst vermieden werden.

DAS WILD UND DER SCHÜTZE

Auch unmittelbar vor der Schussabgabe sind eine ganze Reihe an Dingen zu beobachten und beachten. Der Jäger muss Informationen über das Stück Wild sammeln, das er beschießen möchte, aber auch selbst die richtigen persönlichen Voraussetzungen mitbringen. Auch das macht deutlich, was für eine anspruchsvolle Aufgabe der Kugelschuss auf Schalenwild ist.

ZUSTAND DES WILDES

Der Erregungszustand des Wildes, das beschossen werden soll, ist für die Wirkung des Geschosses wichtig. Ihn muss sich der Jäger auf jeden Fall einprägen.
Ein und dasselbe Geschoss wirkt, aus derselben Waffe verschossen und bei gleicher Trefferlage, auf ein ruhig äsendes Stück mit größter Wahrscheinlichkeit völlig anders als auf ein angespannt sicherndes Stück. Im ersten Fall ist ein schlagartiges Zusammenbrechen eher wahrscheinlich, im zweiten legt das Wild meist noch eine Fluchtstrecke zurück. Dies wird vorrangig auf den veränderten Stresshormonhaushalt im Organismus zurückgeführt. Die Nebennierenrinde schüttet beim beunruhigten Stück Wild Adrenalin aus, was unter anderem die Pulsfrequenz anhebt, den Blutdruck erhöht, die Bronchien erweitert und Glukose für die Muskulatur freisetzt. Der Organismus ist also bereit für eine Reaktion und das Tier entsprechend wachsam. Das Signal zur sofortigen Flucht übermittelt das Gehirn über Nervenbahnen innerhalb weniger Millisekunden an die Muskulatur. Dieses Signal bleibt auch bei einem tödlichen Kammertreffer weiter aktiv. Das kann zu erheblichen Fluchtstrecken führen, obwohl der Organismus schon tot ist. Derselbe Effekt ist auch bei Schüssen auf Wild in anderen Stresssituationen, wie z. B. in der der Brunft oder auf Bewegungsjagden, zu beobachten.

Der Bock ist bereits alarmiert. Eine längere Fluchtstrecke ist jetzt wahrscheinlich.

SAUEN AN DER KIRRUNG
Auch an der Kirrung beschossene Sauen legen immer wieder längere Fluchtstrecken zurück. Erfahrene Schwarzkittel haben die Gefahr von Schüssen an der Kirrung meist schon kennen gelernt. Obwohl sie vermeintlich ruhig Mais aufnehmen, sind sie an Kirrungen deshalb oft extrem angespannt.

Anders ist es, wenn ein Geschoss das zentrale Nervensystem (Gehirn und Wirbelsäule) trifft. Dann brechen die beschossenen Stücke immer schlagartig zusammen. Über die Nachteile und Risiken von Schüssen auf das zentrale Nervensystem (Haupt- und Trägerschüsse) gehen wir im Unterkapitel „Kunstschüsse?“ Nein Danke! (S. 24) näher ein.

STELLUNG DES WILDES

TRÄGER OBEN – EIN ALTER ZOPF

Nach immer noch verbreiteten Lehrmeinungen soll bei wiederkäuendem Schalenwild auch die Haltung des Trägers im Schuss von großer Bedeutung sein. Vehement wird deshalb gefordert, dass der Schuss auf die Kammer nur dann erfolgen darf, wenn der Träger oben ist. Als Begründung wird angeführt, dass sich sonst die Decke des Wilds infolge einer veränderten Trägerstellung bei der Flucht über den Ausschuss schöbe, sodass im Fährtenverlauf keine Pirschzeichen mehr zu finden seien.
Diese Meinung ist ein „alter Zopf“, der dringend abgeschnitten gehört. Ganz egal, wie ein Stück den Träger im Schuss hält, wird es ihn auf der Flucht so nicht beibe-

Auch während der Brunft legt das Wild tendenziell längere Fluchtstrecken zurück.

halten. Die Decke des Wilds bewegt sich auf der Flucht ohnehin ständig, auch oder gerade im Bereich der Schulterblätter. Daran kann der nach oben gerichtete Träger vor dem Schuss nichts ändern. Hat das Stück aber einen Ausschuss im Bereich der Kammer, werden in der Regel trotzdem immer auch Pirschzeichen zu finden sein.

ANPFEIFEN NEIN!

Geradezu skurril wird es, wenn ein vertraut äsendes Stück vor dem Schuss angepfiffen oder angeschrien wird, damit es den Träger hoch nimmt. Das steigert nur den Erregungszustand des Stücks und macht eine Flucht nach dem Schuss viel wahrscheinlicher. Zudem wird damit auch (noch) nicht beschossenes Wild auf den Jäger aufmerksam. Will man mehr als ein Stück erlegen, wird das dadurch deutlich schwieriger. Ein wichtiger Grundsatz bei der Jagd sollte doch sein, dass die überlebenden Stücke den Schuss nicht mit dem Menschen in Verbindung bringen. Der Knall sollte, wie ein Gewitterdonner, ein ungefährliches Phänomen sein. Dann bleibt das Wild möglichst vertraut, sodass wildbiologisch sinnvolle effektive und schnelle Eingriffe in die Population möglich werden.

BREIT, SCHRÄG ODER SPITZ VON VORNE

In aller Regel versucht der Jäger, Wild zu beschießen, wenn es breit steht. Dann bietet es die größtmögliche Trefferfläche im Kammerbereich, sodass kleinere Ungenauigkeiten des Schützen eine geringe Rolle spielen. In der Jagdpraxis kann man aber nicht immer darauf warten, dass ein Stück

Ob der Träger im Schuss oben oder unten ist, spielt keine Rolle.

So verändert sich die tödliche Trefferfläche mit der Stellung des Wildes. Am größten ist sie beim breit stehenden Stück.

Wird Wild schräg beschossen, kann vor allem bei stärkeren Stücken der Ausschuss fehlen.

absolut breit steht. Schüsse auf schräg stehendes Wild müssen immer wieder einmal sein. Sie haben auch den Vorteil, dass das Geschoss einen längeren Weg durch den Körper des Wildes zurücklegt und damit mehr Energie an den Wildkörper abgibt, sodass das Wild in aller Regel äußerst schnell verendet.

Die Stellung des Wildes muss sich der Schütze allerdings gut einprägen, damit er weiß, welchen Weg das Geschoss durch den Wildkörper genommen hat. Die am Anschuss gefundenen Pirschzeichen sind dann anders zu werten als bei einem breit stehend beschossenen Stück. Findet sich beispielsweise viel Pansen an einem leicht schräg von hinten beschossenen Stück Rotwild, ist davon auszugehen, dass der Schuss insgesamt zu weit hinten sitzt und die Kammer eventuell nicht nicht geöffnet hat. Zwei Punkte sind bei schräg stehendem Wild unbedingt zu bedenken:

1. Die tödliche Trefferfläche verringert sich, je spitzer das Stück Wild zum Schützen steht. Die Anforderung an die Präzision des Schusses nimmt daher zu und die Wahrscheinlichkeit eines nicht sofort tödlichen Treffers ebenfalls. Sehr gut verdeutlicht dies die Illustration, die in Anlehnung an die aus Skandinavien stammende „Elchuhr“ angefertigt wurde.
2. Gerade bei stärkerem Wild kommt es häufiger zu sogenannten Steckschüssen, zu Treffern ohne Ausschuss also. Das Geschoss hat dann sämtliche Energie im Wildkörper abgegeben und vermag die Decke auf der Ausschussseite nicht mehr zu durchschlagen. Trotz fehlender

Pirschzeichen kann es daher sein, dass das Wild nach wenigen Metern verendet ist. Bei einem Schuss halb spitz von hinten – also gegen den Haarstrich – werden zudem in der Regel weniger Pirschzeichen (Schnitthaare) geliefert. Darum ist – wie grundsätzlich nach jedem Schuss – eine Kontrollsuche erforderlich.

KÖRPERSEITE UND FLUCHTRICHTUNG

„Blickt das Wild vor dem Schuss nach rechts, wird also die rechte Körperseite beschossen, flüchtet das Wild auch da hin." Diese alte Jägerweisheit wird immer noch häufig weitergegeben. Bei einem flüchtig beschossenen Stück Wild trifft sie mit hoher Wahrscheinlichkeit auch zu. Steht das zu beschießende Stück oder zieht es nur, ist die Fluchtrichtung durch die Stellung des Tieres kaum vorherbestimmt. Die Information, welche Körperseite beschossen wurde, ist trotzdem wichtig, um im Fährtenverlauf festgestellte Pirschzeichen, beispielsweise Abstreifungen, besser einordnen zu können. Die Frage, ob das Stück einen Ausschuss oder Steckschuss hat, kann dann oft schnell geklärt werden.

WIE VIEL ZU SEHEN?

Nicht in jeder Situation ist der gesamte Wildkörper sichtbar. Gelände oder Vegetation verdecken manchmal dessen unteren Teil. Für einen gezielten Kammerschuss ist dies in aller Regel kein Problem. Allerdings spielt die menschliche Psyche dem Jäger hin und wieder einen Streich. Obwohl er den eigentlichen Zielpunkt, die Mitte des Wildkörpers, genau sieht, hält der Schütze an der Mitte des sichtbaren Bereichs an. Tiefer anzuhalten, verhindert oft das Unterbewusstsein. Hinzukommt, dass der Jäger nicht zu nah mit der Flugbahn des Geschosses an ein Hindernis, in diesem Fall die Geländekante oder die Vegetation, geraten möchte. Ist die Waffe auf GEE eingeschossen und zeigt somit vier Zentimeter Hochschuss auf 100 Meter Entfernung, liegen dann die Schüsse oft deutlich zu hoch. Ein bewusstes Anhalten auf die Körpermitte ist bei teilweise verdeckten Stücken also besonders wichtig.

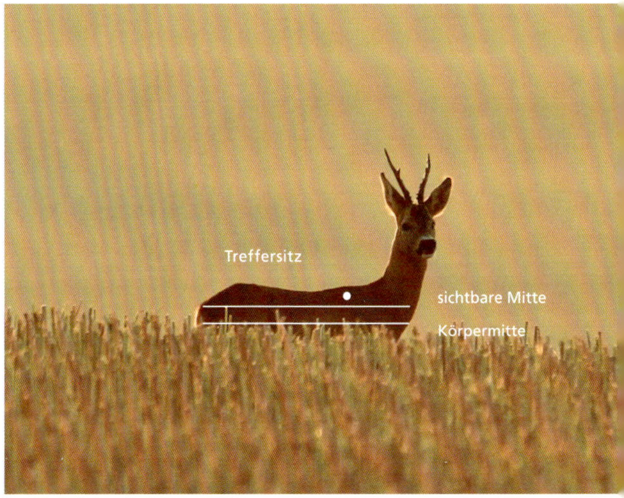

Hält der Jäger in der sichtbaren Mitte des Körpers an, steigt bei 4 cm Hochschuss auf 100 m das Risiko eines Krellschusses deutlich.

ANZAHL DER STÜCKE

Die Zahl der vor dem Schuss zu erkennenden Stücke Wild hat gerade bei Gesellschaftsjagden eine sehr hohe Bedeutung. Bei den sozial lebenden Wildarten ist der Drang, auf der Flucht zusammenzubleiben, enorm hoch. Beschossene Stücke versuchen möglichst lange, den Anschluss zu halten. Wird z. B. bei einer Bewegungsjagd ein Frischling aus einer Rotte beschossen, kann der Nachbarschütze schon weitere wichtige Informationen liefern, wenn die Standprotokolle korrekt ausgefüllt und ausgewertet werden. Kamen dem ersten Schützen eine fünfköpfige Rotte, dem nächsten wenige Minuten später aber nur vier Sauen, kann davon ausgegangen werden, dass der Frischling nach kurzer Flucht verendet ist. Aus einer erst später durchgeführten Kontrollsuche wird in dieser Situation eine vorrangig behandelte Totsuche. Wichtig ist aber, die Anzahl der Stücke *vor* der Schussabgabe zu ermitteln. *Nach* dem Schuss ist der Stress bei den Tieren und beim Schützen derart groß, dass es kaum noch möglich ist, korrekt zu zählen. Doch schon ohne die Aufregung infolge einer Schussabgabe wird es aber ab einer Anzahl von vier bis fünf Stück Wild schwierig, die genaue Zahl zu bestimmen. Positionswechsel, Vegetation, Bäume und Gelände erschweren die Zählung enorm.

STANDORT DES WILDES

Eine letzte, gleichwohl überaus wichtige Information, die der Jäger unmittelbar vor dem Schuss sammeln muss, ist die zum Standort des Wildes. Nur so kann er später im Gelände auch den Anschuss finden. Um diesen Punkt möglichst einfach und alleine wiederfinden zu können, bedient sich der Schütze einiger Hilfspunkte im Gelände. Diese Fixpunkte muss er sich aber schon vor dem Schuss sicher einprägen, weil danach meist keine Zeit mehr bleibt. Ist nämlich der Schuss gebrochen, hat der Jäger andere Dinge zu beachten, wie wir im nächsten Kapitel detailliert erläutern werden.

RICHTUNGSPUNKT

Der erste wichtige Fixpunkt wird genau *hinter* dem zu beschießenden Stück gesucht. Dies kann beispielsweise ein markanter Baum, ein Zaunpfahl, ein Ameisenhaufen oder sonst etwa Unverwechselbares sein. Nicht als Hilfspunkt dürfen Dinge dienen, die sich bei wechselnder Belichtung oder mit dem Lauf der Sonne verändern. Als Beispiel sei hier ein sonnenbeschienener Stamm genannt: Er ist nicht mehr zu finden, sobald Bewölkung aufzieht oder die Sonne etwas wandert. Dieser erste Fixpunkt, auch als Richtungspunkt bezeichnet, dient später dann als Startpunkt beim Aufsuchen des Anschusses.

ENTFERNUNGSPUNKT

Der zweite markante Punkt dient dazu, die Entfernung zum Anschuss einzugrenzen, und liegt demnach in einem Bereich von zwei bis fünf Metern vor oder hinter dem zu beschießenden Stück. Mit diesem Entfernungspunkt wird also die zweite Dimension eingegrenzt und die Suche nach dem Anschuss somit deutlich vereinfacht. Im Idealfall reichen diese zwei Ortsmarken – also Richtungspunkt und Entfernungspunkt –, um den Anschuss sicher zu finden. Ist kein markanter Punkt direkt hinter dem Stück zu erkennen, kann auch die Mitte zwischen zwei Punkten als Richtungspunkt genommen werden. In diesem Fall gibt es dann einfach zwei Fixpunkte für die Richtung.
Wie der Anschuss mit Hilfe dieser beiden Fixpunkte gesucht und sinnvoll angegangen wird, wird im Kapitel „Anschussuntersuchung" näher erläutert.
Solange das Wild bei der Schussabgabe steht, ist es recht einfach, Richtungs-

Die schwache Buche (Richtungspunkt) und der Stein (Entfernungspunkt) kann sich der Jäger bei der Schußabgabe einprägen.

Schwarzwild kann auf der Bewegungsjagd fast immer nur flüchtig beschossen werden.

punkt(e) und Entfernungspunkt schnell zu erfassen. Viel schwieriger, aber auch machbar, wird dies bei Bewegungsjagden. Wiederkäuendes Schalenwild verhofft immer wieder oder kann durch Anschrecken oder Anpfeifen zu kurzem Verhoffen gebracht werden. Der Jagdleiter sollte deshalb verbieten, auf ziehende oder flüchtende Wiederkäuer zu schießen.

SONDERFALL FLÜCHTIGES SCHWARZWILD

Etwas anderes ist es beim Schwarzwild. Einmal in Bewegung, läuft es sehr lange, ohne zu stoppen. Zudem gibt es bei Schwarzwild in Bewegung kaum ein Auf und Ab, sodass das horizontale Mitfahren und ein sauberer Schuss bei entsprechender Übung gut möglich sind. Für den Schützen ist es dabei aber kaum noch möglich, sich exakte Orientierungspunkte einzuprägen. Da er aber in aller Regel schon einige Minuten auf seinem Stand steht, nutzt er diese Zeit sinnvollerweise, um sich mit der Umgebung vertraut zu machen. Zunächst muss er sich darüber klar werden, wo er überhaupt Schussfeld und Kugelfang hat und wohin er wegen der Nachbarschützen nicht hinschießen darf. Damit kann er für seinen Platz schon viele Anschussbereiche

KLÄREN VOR DEM SCHUSS

- Markierung des eigenen Standorts!
- Schussfeld festlegen
- Kugelfang vorhanden?
- Geschossflugbahn frei von Hindernissen?
- Welche Entfernung ist für Schützen und Munition zu bewältigen?
- Richtungs- und Entfernungsmarken suchen und einprägen!
- Wie viele Stücke wechseln an?
- Verhalten des Wildes
- Stellung des Wildes
- Was ist sichtbar vom Wild?

ausschließen. Die verbleibenden möglichen Schussbereiche muss er sich dann gut einprägen, sodass er dann auch für jeden Bereich eine Richtungsmarkierung abgespeichert hat.

DER SCHÜTZE

PERSÖNLICHE FÄHIGKEITEN

Die Anforderungen an den Schützen sind zunächst persönlicher Natur. Er muss folgende Fähigkeiten und Eigenschaften mitbringen:

Übung Eine Grundvoraussetzung für den verantwortbaren Schuss auf Wildtiere ist viel Übung mit der Waffe und eine entsprechend hohe Treffsicherheit.

Konzentrationsfähigkeit Die Fülle an Informationen und Regeln, die es zu beachten gilt, wird nicht ohne ein hohes Maß an Konzentration bewältigt.

Ruhe Menschen begehen unter Stress häufig ungewollte Handlungen, weil durch die Hormonausschüttung das vegetative Nervensystem „das Kommando übernimmt“. Unter Stress stehende Menschen können sich oft auch nicht mehr an Details oder einzelne Abläufe erinnern.

Selbsteinschätzungsvermögen Die Schwierigkeit des Schusses muss im richtigen Verhältnis zu den eigenen Fähigkeiten stehen. Dazu gehört die Schussentfernung ebenso wie die Fluchtgeschwindigkeit des Stücks oder das richtige Einschätzen der Lichtverhältnisse.

Respekt vor dem Wild Der Jäger muss sich immer vor Augen halten, dass eigene Fehleinschätzung und leichtfertiges Handeln zu unsäglichem Leid bei dem beschossenen Tier führen kann.

Ehrlichkeit Ein ehrlicher Umgang mit der Situation ist ein wichtiger Charakterzug eines waidgerechten Jägers. Dem hinzugerufenen Schweißhundeführer offen und ohne Verschleierung die Situation zu schildern, führt am ehesten dazu, dass das Wild schnell gefunden wird.

EINSCHÄTZUNG DER SCHUSS-ENTFERNUNG

Der Jäger muss in der Lage sein, die gegebene Schussentfernung annähernd korrekt zu bestimmen. In ebenen Flächen, in verjün-

Wie weit ist es? Entfernungen richtig einzuschätzen, gehört zum Handwerkszeug des Jägers.

Die exakteste Methode: elektronischer Entfernungsmesser

gungsarmen Altholzbeständen, im Offenland und im Gebirge ist es häufig schwierig, Distanzen richtig einzuschätzen. Die heute verfügbare brillante, vergrößerungsstarke Optik erschwert im Zweifel die Angelegenheit. Weiter entferntes Wild kann „herangeholt" werden und ist haarscharf und detailgenau zu erkennen. Die Distanz zum Wild wird deswegen häufig deutlich unterschätzt. Eine korrekte Einschätzung der Schussentfernung gehört aber genauso zum jagdlichen Handwerkzeug wie das saubere Aufbrechen. Beides kann durch entsprechende Übung auch erlernt werden.

Entfernungsmesser Die einfachste und sicherste Methode, um die Schussentfernung richtig zu taxieren, ist die Verwendung elektronischer Entfernungsmesser. Ab rund 300,- € sind Geräte erhältlich, die für die jagdlich relevanten Distanzen zuverlässige Ergebnisse liefern. Hochwertige Entfernungsmesser können sogar, mit ballistischen Daten bestückt, den Haltepunkt für die gemessene Entfernung und Neigung ermitteln.

Mit Revierkarte In den gängigen Revierkarten lassen sich für alle relevanten Jagdflächen im Revier die Schussentfernungen ermitteln. Wege, Waldränder, Leitungstrassen oder auch Feldgehölze bieten hierfür wichtige Anhaltspunkte. Natürlich geht es auch über die Satellitenbilder oder Karten bei Google Earth oder Google Maps. Dort können Streckenlängen auch relativ exakt mit wenigen Mausklicks ermittelt werden.

Geländemarkierungen Ortsunkundigen Jägern hilft es sehr, wenn an Jagdeinrichtungen mit weiten Schussmöglichkeiten ein paar markante Punkte in der Umgebung mit entsprechender Entfernung auf einem Foto oder in einer Skizze notiert werden. Werden Foto oder Skizze laminiert in der Jagdeinrichtung deponiert, kann der Jäger die Distanzen besser einschätzen.

Alle drei Methoden dienen der persönlichen Verbesserung der Entfernungsschätzung. Sie sollten regelmäßig geübt werden, damit der Schütze die Fähigkeit erlangt, zuverlässig Entfernungen ohne weitere Hilfsmittel einzuschätzen. Schweizer Jagdscheinaspiranten müssen dies in der Jägerprüfung unter Beweis stellen, ansonsten bestehen sie die Prüfung nicht.

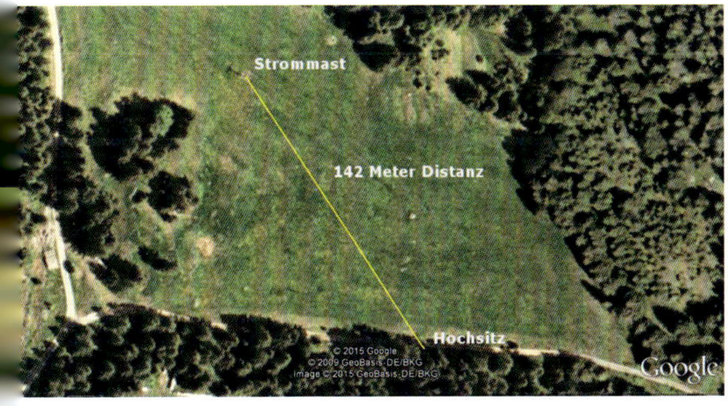

In der Revierkarte oder mit Hilfe von Google Maps lassen sich Entfernungen rasch ermitteln.

Solche Notizen am Hochsitz erleichtern die Entfernungseinschätzung.

IM UND NACH DEM SCHUSS

SCHUSSABGABE

Kurz vor Schussabgabe ist die Anspannung beim Jäger auf dem Höhepunkt. Je intensiver und bewusster er sich vorab mit dieser Situation beschäftigt hat, desto einfacher meistert er sie. Auch das muss er oft auf dem Schießstand üben. Nur der Jäger, der mit seinem wichtigsten Handwerkszeug – der Waffe also – blind vertraut ist, ist bei der Schussabgabe Herr seiner Sinne und beherrscht die Situation.

Wie in vielen Situationen im Leben, so ist es auch auf der Jagd. Der Jäger konzentriert sich auf eine Sache, hier das zu erlegende Stück Wild, und die anderen Dinge direkt daneben bemerkt er nicht. Dieses Phänomens muss er sich vor der Schussabgabe bewusst sein, also alle Dinge unmittelbar vor dem Schuss genau betrachten und nicht nur das Ziel fixieren. Sonst sind wichtige Informationen, zum Beispiel die beschossene Körperseite oder die Anzahl der vorhandenen Stücke, nach der Schussabgabe nicht abrufbar.

DURCHS FEUER SEHEN

Manche Jäger leiden an einer Art Schussangst. Sie schließen kurz vor der Schussabgabe beide Augen im letzten Moment, verkrampfen sich und reißen dann oft den Abzug regelrecht durch, weil Knall und Rückstoß unangenehm in der Erinnerung verankert sind. Dass dann manches Projektil nicht dort auftrifft, wo es sollte, ist vorprogrammiert.

Unmittelbar bevor der Finger den Abzug betätigt, muss sich der Jäger bewusst machen, dass er sehen will, was geschieht, wenn das Stück Wild getroffen wird. Dazu muss mindestens ein Auge offen bleiben.

BEIDÄUGIGES SCHIESSEN

Dass auch mit zwei geöffneten Augen gezielt werden kann, ist vielen Schützen nicht bewusst. Das aber muss zuvor bewusst trainiert werden. Wer es sich nicht alleine beizubringen vermag, kann es mit einem Schießlehrer trainieren oder sich von einem befreundeten Jäger helfen lassen. Das Schießen mit zwei offenen Augen ist auch sinnvoll, weil durch den Rückstoß das im Zielfernrohr stark herangezoomte Ziel aus dem (Ziel-)Auge verloren geht.
Das Training für ein beidäugiges Schießen hierzu findet zuerst vollkommen ohne scharfe Munition statt. Es wird lediglich eine Pufferpatrone oder abgeschossene Hülse geladen und während des bewussten Zielens mit offenen Augen der Abzug betätigt. Weil kein Schuss bricht, kann dem „Schützen" hierbei manches auffallen. So

Beidäugiges Zielen und Schießen hat Vorteile, aber es muss geübt werden.

Regelmäßiges Schießtraining ist Pflicht. Es hilft, Fehler abzustellen.

wird beispielsweise das „Mucken" – also das Verreißen des Schusses nach unten – hier ganz bewusst wahrgenommen. Bei diesem „Trockentraining" kann sich der Schütze ganz auf das Offenhalten der Augen, das Zielen und das bewusste Abziehen konzentrieren und bekommt außerdem ein Gefühl dafür, wann der Schuss brechen würde. Da der aber nicht bricht, stellt er rasch fest, welche wichtigen Informationen durch ein Mucken überlagert würden.
Erst wenn diese Übung gefestigt ist, werden die Waffe richtig geladen und der erste Schuss auf eine Scheibe abgegeben. Nach einigen Schüssen wird der Schütze immer sicherer und gewöhnt sich an die Situation. Bei diesem Training stellt man sehr schnell fest, dass das Abkommen auf der Scheibe zu beobachten ist. Genau das soll dann auch im Ernstfall beherrscht werden: sehen, wo das Absehen bei der Schussabgabe stand.
Das beidäugige Schießen funktioniert natürlich nur bei guten Lichtverhältnissen. Meist ist das Wild nur noch in der Dämmerung oder nachts aktiv und wird zu diesen Zeiten dann auf der Einzeljagd bejagt. Unter diesen Lichtverhältnissen muss dann aber eben mindestens das Zielauge im Schuss geöffnet bleiben, um zu sehen, wo das Absehen bei der Schussabgabe auf dem dunklen Wildkörper steht.

„TIROLER JAGDABZEICHEN"

In Jägerkreisen werden Verletzungen oder Narben im Bereich der Augen als „Tiroler Jagdabzeichen" bezeichnet, wenn sie durch das Zielfernrohr beim Rückstoß verursacht wurden. Meist geschieht dies infolge unsachgemäßer Handhabung der Waffe wegen Schussangst oder aber aufgrund einer nicht passenden Schäftung. Im ersten Fall hilft regelmäßiges Üben auf dem Schießstand. Ein guter Schießlehrer unterstützt beim Richtig-Anschlagen, Richtig-Zielen und beim bewussten Abziehen des Abzugs, und der Schütze gewöhnt sich an Schussknall und Rückstoß. Im zweiten Fall muss der Gewehrschaft an die eigenen Bedürfnisse angepasst werden.

ANSITZ-OPTIK

Da heutzutage meist mit dem Zielfernrohr geschossen wird, empfehlen wir auch für die Ansitzjagd eine möglichst geringe Vergrößerung. Fast alle jagdlichen Situationen sind mit einer vier- bis sechsfachen Vergrößerung sehr gut zu bewältigen. Höhere Vergrößerungswerte sind meistens dann erforderlich, wenn das Ziel über 150 Meter entfernt ist.
Gerade aber auf der Bewegungsjagd mit überwiegenden Schussentfernungen zwischen 30 und 40 Metern ist eine möglichst niedrige Vergrößerung angesagt. Mit einer zwei- bis dreifachen Vergrößerung hat der

Auf Bewegungsjagden ist eine geringe Vergrößerung sinnvoll.

Schütze auch noch ein entsprechend großes Sehfeld, um das bewegte Wild zu erfassen und geeignete Schussbereiche im Umfeld zu erkennen. Kommt Wild bei Bewegungsjagden auf weitere Entfernungen, ist in aller Regel genügend Zeit vorhanden, um die Vergrößerung der Optik noch etwas hochzudrehen.

„KUNSTSCHÜSSE"? NEIN DANKE!

Grundsätzlich soll dem Wild beim Abschuss keine Schmerzen zugefügt werden. Deshalb wird als größtmögliche tödliche Trefferfläche der Bereich der Kammer ausgewählt.

AUF HAUPT, TELLER ODER TRÄGER

An dieser Stelle muss auf die vielerorts und leider vielfach gepriesenen Küchenschüsse eingegangen werden. Zu ihnen zählt der Schuss aufs Haupt oder den Träger, also die Teile des Körpers, die sich beim Wild fast ständig bewegen –um Äsung aufzunehmen oder mit allen Sinnen die Umgebung zu erkunden.

Es steht außer Zweifel, dass Wild aufwirft und Haupt und Träger kurz stillhält, wenn es angerufen oder -pfiffen wird. Die Kunstschützen unter den Jägern wollen dann diesen Moment nutzen, um den Kopf- oder Trägerschuss anzutragen. Warum aber sollten wir einen Schuss auf Haupt oder Träger, deren tödliche Trefferfläche maximal Bierdeckelgröße beträgt, abgeben, wenn uns der Kammerbereich beispielsweise bei einem Reh mindestens die Fläche eines DIN A4-Blattes bietet?

Von einigen Jägern wird der Tellerschuss bei den Sauen förmlich gepredigt und auch praktiziert. Dieser sei sofort tödlich und wildbretschonend. Das sind oft die gleichen Jäger, die eben auch beim wiederkäuenden Schalenwild den Schuss auf den Träger oder bei weiblichem Wild auf das Haupt bzw. den Kopf propagieren.

Sitzen solche Schüsse wirklich, ist zumindest hinsichtlich des raschen, tierschutzgerechten Tötens alles in bester Ordnung. Trifft das Geschoss jedoch nur wenig ne-

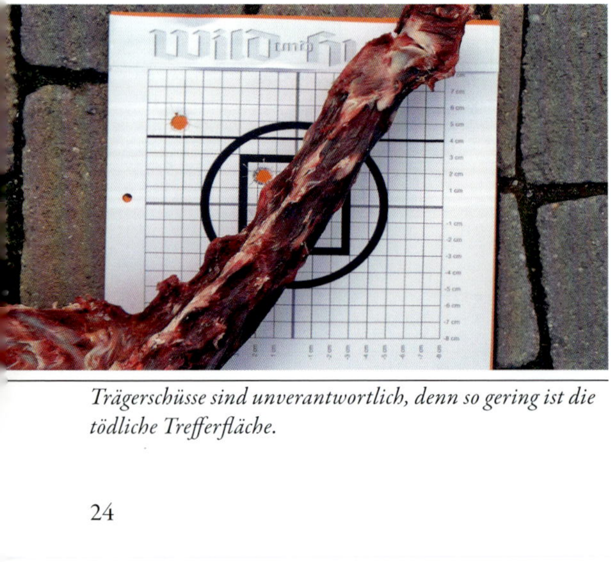

Trägerschüsse sind unverantwortlich, denn so gering ist die tödliche Trefferfläche.

Ganz schnell führt der „wildbretschonende Trägerschuss" zu so etwas ...

ben dem Haltepunkt auf und liegt das Stück nicht sofort am Platz, sind diese Schüsse nichts weiter als übles Schindluder. Sprüche wie „Das ist jetzt nur ein Streifschuss mit wenig Muskelverletzung" sind genauso zu hören wie „Die Sau heilt das schon aus, sie geht in die nächste Suhle und schmiert sich das Loch zu".

QUALVOLLES ENDE

Wird dann noch, wie wir es leider schon häufig erlebt haben, irgendein gerade verfügbarer Jagdhund, meist frei laufend, eingesetzt, geht das verletzte Stück meilenweit und ist fast nicht mehr auf der Nachsuche zu bekommen. In den meisten Fällen findet es nach Tagen ein qualvolles Ende. Vor allem in der wärmeren Jahreszeit legen Fliegen in kurzer Zeit ihre Eier in die Wunde. Die schlüpfenden Maden wachsen in der körperwarmen Wunde schnell und fressen das Stück binnen kurzer Zeit im wahrsten Sinne des Wortes bei lebendigem Leib auf.

Doch auch ohne Zutun von Fliegenlarven führen Gebrech- oder Äserschüsse – häufig die Folge verunglückter Schüsse aufs Haupt – in der Regel zu einem qualvollen Ende. Da ein so getroffenes Stück weder Äsung oder Fraß noch Wasser aufnehmen kann, verhungert und verdurstet die Kreatur unter großen Schmerzen.

WILDBRETSCHONEND?

Zuletzt noch ein paar Worte zu der angeblichen Wildbretverträglichkeit solcher Schüsse. Ist ein Schuss aufs Haupt bzw. den Teller oder den Träger tatsächlich sofort tödlich, so kann das Stück nicht ausbluten, wie es bei einem Kammerschuss mit kurzer Flucht der Fall wäre. In allen

Tierquälerei ersten Ranges: Der geplante Kopfschuss wurde zum Gebrechschuss.

Adern des Tieres fließt Blut und so sind auch alle Muskeln bestens mit dem Lebenselixier versorgt. Blut geht schneller in Verwesung über als die Muskeln selbst und senkt so während der erforderlichen Fleischreifung die Qualität des Wildbrets. Mittlerweile gibt es immer mehr Wildkunden, die keine Stücke kaufen, die mittels Kopf-, Träger- oder Tellerschuss zur Strecke kamen.

Absichtliche Schüsse auf Kopf- und Träger sind strikt abzulehnen. Wer sie dennoch praktiziert, handelt im Sinne des Tierschutzes mehr als grob fahrlässig. Wir lehnen solche Kunstschüsse kategorisch ab. Dass ein solcher „Kunstschuss" immer einmal unabsichtlich passieren kann, steht auf einem anderen Blatt.

KUGELSCHLAG

Um den Kugelschlag ranken sich viele Geschichten und Märchen. Einige Schützen wollen sogar den Treffersitz aus dem Klang des Kugelschlages ableiten können. Tatsächlich verursacht das Projektil beim Auftreffen auf einen Gegenstand ein Geräusch, der Kugelschlag existiert also wirklich. Da immer nur mit Kugelfang geschossen wird, ist auch bei einem Fehlschuss der Einschlag der Kugel ins Erdreich zu hören.

WAHRNEHMUNG

Ob der Schütze den Kugelschlag wahrnimmt, hängt von vielen verschiedenen Faktoren ab. Einige sind persönlicher, andere wieder rein physikalischer Natur. „Schaltet" sich das Gehör eines Schützen nach dem Mündungsknall, der Gasexplosion und dem Überschallknall des Geschosses schnell wieder für weitere Geräusche „frei", kann er den Einschlag der Kugel hören.

Dass der Kugelschlag aber in zeitlichem Abstand zum Mündungsknall ertönt, setzt eine gewisse Schussentfernung voraus: Schallwellen breiten sich mit etwa 340 Metern pro Sekunde aus. Bei einer Schussentfernung von 100 Metern ist der Kugelschlag rund 0,4 Sekunden nach dem Mündungsknall zurück am Ohr des Schützen. Je kürzer die Schussentfernung, umso näher liegen beide Geräusche beieinander und umso schwerer sind sie für das Gehör zu trennen.

Bei der Schallwellenausbreitung spielen weiterhin Windrichtung, Windgeschwindigkeit und auch die Luftfeuchtigkeit eine Rolle. All das ist aber unerheblich. Der Kugelschlag existiert zwar immer, über den Sitz der Kugel sagt er aber absolut nichts aus.

TIPP

Werfen Felswände oder die glatten Flächen landwirtschaftlicher Schuppen den Mündungsknall als Echo zurück, wird das vom Jäger mitunter als Kugelschlag fehlgedeutet.

ZEICHNEN

„Ist die Kugel erst aus dem Lauf, hält kein Teufel sie mehr auf", lautet ein alter Jägerspruch. Dann trifft das Projektil innerhalb von Sekundenbruchteilen auf sein Ziel auf. Und genau dieser Moment sollte nach Möglichkeit beobachtet werden. Schließlich gibt auch das Zeichnen des Stücks im Schuss zusammen mit später verfügbaren Informationen gewisse Hinweise auf den Treffersitz.

BEGRENZTE AUSSAGEKRAFT

In vielen Lehrbüchern ist das Zeichnen im Schuss illustriert und beschrieben. Solche Ausführungen entstammen einer Zeit, als Büchsengeschosse meist eher langsam flogen, im Durchmesser stärker gehalten und Teilmantelgeschosse waren. Die gute alte Försterpatrone 9,3 x 72 R mit dem 14,1 Gramm Teilmantel-Flachkopfgeschoss sei als Beispiel aufgeführt. Die Zeit ist allerdings nicht stehengeblieben, Technik und Ausrüstung haben sich geändert. Für die heute verwendeten Kaliber und Geschosse, egal welcher Bauart und welchen Materials, können die Darstellungen passen – sie müssen es aber nicht.

Natürlich sollte der Jäger immer zu erkennen versuchen, wie das Wild im Moment der Schussabgabe reagiert. Einen sicheren Rückschluss auf den Treffersitz gibt uns dieses unmittelbare Zeichnen bei den heu-

TIPP
Bei den heute verwendeten Kalibern und Geschossen sagt das Zeichnen des Wildes mitunter wenig bis nichts über den Treffersitz aus.

te verwendeten Geschossen und Kalibern allerdings nicht.

VERHALTEN NACH DEM SCHUSS

Größere Aussagekraft als das Zeichnen im Schuss hat der Bewegungsablauf eines beschossenen Stücks bei der anschließenden Flucht.
Bewegt es sich nach der Schussabgabe merklich anders, als nur durch den Schreck infolge des Schussknalls zu erklären, ist davon auszugehen, dass es von „etwas" getroffen wurde. Das können allerdings auch Dreckspritzer gewesen sein, wenn nämlich das Stück unterschossen wurde.

ZWEI GRUNDREGELN DES ZEICHNENS

Zwei relativ sichere Anzeichen deuten aber darauf hin, dass ein Stück die Kugel bekommen hat. Es ist allgemein bekannt, dass sich ein Organismus vom Schmerz abwendet oder zu ihm hinwendet.
Abwenden vom Schmerz Dieser Fall zeigt sich in der Jagdpraxis, wenn hoch getroffenes Wild eher schnell nach unten und tief getroffenes Wild eher nach oben geht. Ob ein nach oben gehendes Stück vom Projektil oder einem anderen Gegenstand wie z. B. Erdbrocken oder Vegetationsteilen getroffen wurde, lässt sich aber eben nicht sagen.
Hinwenden zum Schmerz Aber auch ein Krümmen zum Schmerz hin lässt auf ei-

„Lehrbuchmäßiges" Zeichnen: Bei der heute verwendeten Munition trifft das so nicht immer zu.

Erste Flucht nach dem Schuss: Unter Umständen ist das nur der Schreck …

nen Treffer schließen. Wohl jeder kennt aus seiner Kindheit die Bilder von Schneider Böck, der infolge der bösen Streiche von Max und Moritz irgendwann im eiskalten Bach landete und sich dabei offenbar eine Blasenentzündung zuzog. Anschließend lief er mit gekrümmtem Rücken umher, saß auf dem warmen Ofen und presste den schmerzenden Unterleib über eine Stuhllehne.
Aus der Jagdpraxis sei hier der typische Weichschuss durch das Gescheide genannt. Ein eindeutiges Zeichnen auf einen solchen Schuss gibt es nicht. Allerdings gehen Stücke mit einem Schuss durch die Bauchhöhle anschließend meist mit krummem Rücken ab.

SAUEN ZEICHNEN ANDERS

Nach wie vor wird immer noch die Bürzelhaltung von Sauen nach dem Schuss als sicheres Zeichen für einen Treffer angeführt.

Sauen zeichnen oft gar nicht. Auch die viel zitierte Bürzelhaltung sagt nichts aus.

BLATTSCHUSS IN DIE ERDE

Ein Jagdgast unterschoss einen Hirsch – den Kugeleinschlag unter dem Stück konnte der Jagdführer durch das Fernglas erkennen. Der Hirsch aber zeichnete durch den aufspritzenden Dreck wie nach einem Blattschuss aus dem Lehrbuch. Die spätere Kontrollsuche bestätigte den Fehlschuss. Der Hirsch wurde wenige Tage später am selben Platz erlegt.

Mittlerweile beweisen viele Filmaufnahmen von Saujagden, dass dieses Indiz unbrauchbar ist. Häufig zeichnet Schwarzwild überhaupt nicht, schon gar nicht auf Drückjagden, auf denen es ja bei Tage beschossen wird und somit relativ gut zu beobachten ist.
Die Einzeljagd auf Schwarzwild wird jedoch häufig in den Abend- und Nachtstunden ausgeübt. Selbst bei bestem Vollmondlicht kann dabei nach der Schussabgabe überhaupt nichts beobachtet werden. Gerade derjenige, der mit offenen Augen schießt, wird noch durch das Mündungsfeuer geblendet. Das kurze Rucken oder Zucken beim Auftreffen des Projektils auf den Wildkörper wird oft auch gar nicht wahrgenommen, da uns der Rückstoß der Waffe in diesem Moment das Ziel aus der Optik wirft.

IST DIE KUGEL AUS DEM LAUF

Sobald der Schuss gebrochen ist, müssen alle Sinne des Jägers gespannt bleiben. Denn innerhalb weniger Sekunden muss er so viel als möglich von dem unmittelbar folgenden Geschehen erfassen, verarbeiten und letztendlich auch speichern. Die Praxis zeigt, dass dies eine große Herausforderung ist. Nachfolgend werden alle wichtigen Punkte aufgezeigt, auf die nach der Schussabgabe zu achten ist.

Alle gebräuchlichen Jagdwaffen verursachen bei der Schussabgabe einen Rückstoß. Bei Waffen mit Schalldämpfern oder auch bei halbautomatischen Waffen ist der Rückstoß zwar reduziert, aber trotzdem noch deutlich zu spüren. Dass dabei der Schütze das Ziel kurzzeitig aus den Augen verliert, ist völlig normal. Deshalb muss versucht werden, das beschossene Stück so schnell wie möglich wieder in die Zieloptik zu bekommen. Eine gute Anschlagtechnik und ein wenig Übung helfen, diese Situation leicht zu beherrschen.

TIPP
Wenn sich nach dem Schuss die Anspannung gelegt hat und die Einzelheiten des Geschehens noch im Kurzzeitgedächtnis sind, können sie rasch auf einem Zettel notiert oder ins Smartphone diktiert werden.

FLUCHTRICHTUNG

Um möglichst viele Informationen zu sammeln, ist es wichtig, das Fluchtverhalten des beschossenen Stücks mit allen Sinnen zu erfassen. Der Schütze muss sich alle Beobachtungen einprägen.

Mit der richtigen Anschlagtechnik hat man das Stück nach dem Rückschlag wieder rasch in der Optik.

Wichtig ist dabei vor allem die Fluchtrichtung. Ist sie korrekt „abgespeichert", kann der (Wund)Fährte auf den ersten Metern gefolgt werden, um weitere Mosaiksteinchen zur genaueren Lokalisierung eines etwaigen Treffers zu sammeln. Sind nämlich am eigentlichen Anschuss keinerlei Hinweise bzw. Pirschzeichen zu finden, die auf einen Treffer schließen lassen, werden sie eventuell auf der Fluchtstrecke nach einigen Metern gefunden. Oftmals beginnen Wunden erst nach einigen Sekunden zu schweißen bzw. dringt der Schweiß erst nach einer gewissen Zeit durch das Haarkleid des getroffenen Stücks nach außen, um dann herunterzutropfen oder abgestreift zu werden.

RICHTUNGSWECHSEL

Dabei muss sich der Jäger Geländemarken genau einprägen, vor oder hinter denen das beschossene Stück vorbeigeflüchtet ist. Sehr wichtig sind Stellen, an denen das Wild einen Richtungswechsel vorgenommen hat. Dort sind oft Pirschzeichen zu finden, da das Stück dort den Körper dreht und sich dabei dann Verletzungen erstmals öffnen. Solche Pirschzeichen tragen zusammen mit der eingehenden Anschussuntersuchung dazu bei, die richtige Entscheidung für eine entsprechende Nachsuche zu treffen.

AUGEN AUF!

Das flüchtende Stück sollte so lange als möglich mit den Augen verfolgt werden. Im Idealfall geschieht das durchs Zielfernrohr. So können zum einen mehr Details als mit bloßem Auge am beschossenen Stück erkannt werden, zum anderen bietet es die Möglichkeit, dem Stück einen gegebenenfalls erforderlichen weiteren Schuss anzutragen.

DIE ERSTE REAKTION

Sehr häufig quittiert getroffenes Wild das Auftreffen der Kugel mit einer Flucht „wie von der Tarantel gestochen". Das rührt daher, dass das mit hoher Geschwindigkeit auf den Wildkörper auftreffende Geschoss über das Nervensystem entsprechende Reize auslöst und so den Fluchtreflex beim Tier in Gang setzt.
Ein beschossenes Stück, das auf den Schuss hin nur ein paar wenige Fluchten macht und dann sichert, ist eher nur durch den Knall erschrocken, aber nicht getroffen.

SCHWEISSAUSTRITT UND FORTBEWEGUNG

Oftmals lassen sich auf dem Stück farbliche Veränderungen auf der Decke oder Schwarte erkennen, die von austretendem Schweiß oder von einem Schussmal herrühren. Das muss aber nicht sein. Sitzt der Schuss beispielsweise hoch in der Kammer, kann es einige Zeit dauern, bis das Blut der verletzten Lunge die Kammer gefüllt hat und nach außen dringt, also sichtbar wird. Ebenso lassen sich Veränderungen an den Gliedmaßen, zum Beispiel das Schlenkern eines Laufs oder ein veränderter Bewegungsablauf, erkennen. Die Fortbewegung eines verwundeten Stücks ist meist nicht so „rund" und „flüssig" wie die eines gesunden. So gehen Stücke mit einem Laufschuss, bei dem ein Knochen gebrochen ist, die ersten Meter eher holprig davon, manchmal kommen sie ins Straucheln oder stürzen gar: Sie möchten den gebrochenen

Die erste Flucht ist meist sehr heftig. Ursache ist der Aufprall des Geschosses.

Lauf noch belasten, da der Schmerz noch nicht wahrgenommen wird.

„KRUMMER RÜCKEN" UND HAUPTHALTUNG

Weidwund getroffene Stücke zeigen zunächst häufig ein paar Fluchten wie gesund, werden dann aber bald deutlich langsamer und zeigen dann den „krummen" Rücken.
Einen wichtigen Hinweis gibt die Haltung des Hauptes. Wird dieses bei der Flucht tief getragen, dann lässt das auf einen Treffer im Rumpfbereich schließen. Sauen mit Kammertreffer pflügen oftmals regelrecht mit dem Gebrech im Boden davon.

FLUCHTVERHALTEN IM VERBAND

Vor allem bei Sauen kann es auch vorkommen, dass die Rotte nach dem Schuss in verschiedene Richtungen abgeht. Die Frischlinge, die nicht der Bache folgten, bleiben bald stehen und kehren zurück, um wieder Anschluss an die Rotte zu bekommen. Aber auch ein Alttier, dessen beschossenes Kalb im Knall lag, bleibt häufig nach wenigen Fluchten stehen, um auf seinen fehlenden Nachwuchs zu warten. Erscheint das Kalb nicht, beginnt das Tier zu rufen und kehrt häufig auch zurück. Der erfahrene Jäger kennt diese Verhaltensweisen und verhält sich mucksmäuschenstill. Er kann dann oft doppelt Beute machen. Mit einem elektronischen Gehörschutz können die Geräusche des eventuell zurückwechselnden Wildes früher vernommen werden.
Wichtig ist auch die Frage: Flüchtet das Stück mit seinen Artgenossen in die gleiche Richtung und wird der Abstand auf der Flucht größer oder sondert es sich gar schon bald ab? Falls solche Einzelheiten festzustellen sind, so sind das Indizien für

Wer die enge Bindung zwischen Rotwildkälbern und Alttieren zu nutzen weiß, kann oft doppelt Beute machen.

einen Treffer. Je stärker und größer die Verwundung, desto kürzer ist in aller Regel die Strecke, die ein Tier hochflüchtig zurücklegt.

Trennt sich ein beschossenes Tier von den anderen oder kann es ihnen nicht mehr folgen, ist das oft ein Anzeichen für eine relativ schwere Verletzung. Insbesondere Jungtiere versuchen so lange als möglich, den Anschluss an das Muttertier zu halten. Wird also beobachtet, dass sich ein beschossenes Jungtier von seiner Mutter absondert, ist ein Treffer sehr wahrscheinlich.

IN SICHTWEITE INS WUNDBETT

Geht ein beschossenes Stück Wild in Sichtweite ins Wundbett und hält es den Kopf noch oben, muss immer versucht werden, einen Fangschuss anzutragen. Er darf keinesfalls unterbleiben aus Angst vor ein paar Kilogramm entwertetem Wildbret. Hier geht es zunächst einzig und allein um Tierschutz. Beim Fangschuss nähert man sich dem Stück möglichst nie, da es sonst all seine Kräfte mobilisieren wird, um dem Verfolger Mensch zu entgehen.

„BEI SINNEN" ODER „KOPFLOS"?

Durch den Schussknall erschrickt ein Tier genauso wie ein unvorbereiteter Mensch. Es setzt dann all seine Sinne ein, um die

TIPP

Das Verhalten und die Flucht nach dem Auftreffen des Projektils lassen eher Rückschlüsse auf den Treffersitz zu als das eigentliche Zeichnen.

Ursache des Knalls zu ergründen. Das kann es sowohl im Stehen wie auch auf der Flucht. Wurde ein Stück tödlich im Kammerbereich getroffen, flüchtet es zwar auf Grund seiner Reflexe, ist aber nicht mehr in der Lage, seine Sinne einzusetzen. Die Flucht ist also „kopflos". Werden dabei noch Hindernisse wie zum Beispiel Bäume angeflohen, ist von einem Treffer auszugehen. Meist werden solche Fluchten noch von den Geräuschen brechenden Dürrholzes oder Äste begleitet.

Sind alle Sinne bei dem beschossenen Stück noch gespannt, so ist eher von einem Fehlschuss auszugehen. Dann versucht das Stück, so leise zu verschwinden, wie es angewechselt ist. Bleibt es nach wenigen Fluchten stehen und sichert oder beginnt sogar wieder zu äsen, dann kann mit an Sicherheit grenzender Wahrscheinlichkeit davon ausgegangen werden, dass es gefehlt wurde.

OHREN AUF!

Neben dem visuellen Verfolgen des beschossenen Wildes ist die Wahrnehmung der Geräusche, die bei der Flucht verursacht werden, von Bedeutung. Das gilt vor allem, wenn in der Dämmerung oder gar bei Nacht geschossen wird. Im Wald ist die Sicht aber auch bei Tageslicht häufig eingeschränkt, sodass wir unser Gehör noch zur Hilfe nehmen sollten.

Ist das Wild den Augen entzogen, geben seine Fluchtgeräusche zunächst einmal wertvolle Hinweise auf die Fluchtrichtung.

KRACH – EIN GUTES ZEICHEN

Wird dabei ein deutliches Krachen von Ästen vernommen, spricht das dafür, dass die Kugel gefasst hat. Das gilt vor allem für Rehwild. Gesunde Rehe versuchen meist, sich still und leise zu „verdrücken". Bei schwerem Wild kann unter Umständen sogar das Zusammenbrechen des verendeten

KEINE REGEL OHNE AUSNAHME

Ein aufs Blatt zustehender Jährling wurde auf etwa 40 Meter breit mit der 8 x 57 IS, 12,7 g TMR, beschossen. Ohne zu zeichnen, sprang er ab, um nach etwa 30 Metern Flucht, wiederum breit stehend, zu verhoffen. Er „sicherte" in Richtung Blattstand zurück. Sogleich erhielt er einen zweiten Schuss auf die gleiche Körperseite und lag im Feuer. Es stellte sich heraus, dass beide Schüsse mit nur drei Zentimeter Abstand knapp hinter dem Blatt saßen.

MEHR HÖREN MIT GEHÖRSCHUTZ

Viele Jäger schützen mittlerweile beim Schießen ihr Gehör. Wird dabei ein elektronischer Gehörschutz verwendet, können aufgrund deren verstärkender Wirkung in den unteren Dezibelbereichen zusätzlich Geräusche registriert werden, die ohne einen solchen Schutz nicht bis ans Ohr gelangt wären. Leider ist es mit solchen elektronischen Gehörschützern nicht ganz einfach, die Herkunft – also die Richtung – von Geräuschen zu lokalisieren.

Geht so eine große Rotte auf einen Schuss hin ab, liefern die Fluchtgeräusche kaum noch Informationen.

Stücks in mehr als 100 Metern Entfernung bei entsprechenden Verhältnissen wahrgenommen werden.

Wertwolle akustische Hinweise sind natürlich auch vom Wild selbst verursachte Geräusche wie Klagen, Röcheln, Blasen usw.

MEHRERE STÜCKE

Die meisten unserer Schalenwildarten leben gesellig in mehr oder weniger großen Verbänden. Da der Jäger bei der Bejagung dieser Wildarten dann meistens mehrere Individuen gleichzeitig vor hat, ist nach dem Schuss darauf zu achten, ob sich die Geräusche des flüchtenden Wildes in eine oder in mehrere Richtungen entfernen. Flüchten viele Stücke eines kopfstarken Rudels oder einer großen Rotte aus der näheren Umgebung nach dem Schussknall, können die Geräusche kaum noch zugeordnet werden, ist also ihr Informationswert begrenzt.

Ein Rudel oder eine Rotte hat immer ein Leittier. Die anderen Mitglieder des Verbandes versuchen, ihm zu folgen, vor allem auf der Flucht. Ein tödlich getroffenes Stück kann das nicht mehr gezielt tun. Mitunter geht es zufällig in die Richtung der gesunden, genauso kann es aber sein, dass ein gesunder Artgenosse in eine andere Richtung flüchtet. Oft schon haben wir bei Einsätzen von Schützen die Meinung gehört, das getroffene Stück sei in die genau andere Richtung geflüchtet als die gesunden. Am Anschuss wurde Schweiß gefunden und in die vermeintliche Fluchtrichtung gesucht – allerdings ohne Erfolg. Der Hund nahm dann die Fährten der vermeintlich gesunden Stücke an und nach kurzer Strecke lag das Stück.

Gekrellte Sau: Hier wird ohne Wenn und Aber nachgeschossen!

KRELLSCHÜSSE

Dass unmittelbar nach dem Schuss die Waffe nachgeladen wird, sollte für jeden Jäger eine Selbstverständlichkeit sein.

BEIM NACHLADEN IM ZIEL BLEIBEN

Im Vorteil ist hier derjenige, der einen modernen Geradezugrepetierer oder eine halbautomatische Waffe führt. Ohne die Waffe aus dem Anschlag zu nehmen, kann er sie in Sekundenbruchteilen wieder feuerbereit machen.
Das muss allerdings geübt werden. Dazu bietet sich ein Trockentraining mit Pufferpatronen an. Noch realitätsnäher kann das im Schießkino bei entsprechenden Filmsequenzen geschehen. „Halbautomaten" gehören aber nur in die Hände besonnener Jäger, die den Vorteil der weiterhin schussbereiten Waffe verantwortungsvoll nutzen. Wie weiter vorn bereits erwähnt, muss versucht werden, ein beschossenes Stück so lange wie möglich weiter in der Optik zu behalten und es damit zu verfolgen. Besteht der Verdacht eines schlechten Schusses, kann ihm unter Umständen rasch ein weiterer, besserer Schuss angetragen werden.

REAKTION DES WILDES

Bricht ein Stück wie vom Blitz getroffen am Anschuss zusammen, darf sich der Jäger nicht gleich freuen und seine Waffe in die Kanzelecke stellen. Sofortiges Nachladen und das Stück anvisieren sind hier besonders angezeigt. Gerade Stücke mit einem Schuss durch die „Federn", also die Dornfortsätze an der Wirbelsäule – dem schon erwähnten klassischen Krellschuss – werden rasch wieder munter und verschwinden meist auf Nimmerwiedersehen.

Sauen versuchen bei einem Krellschuss, den Kopf zu heben und vorne wieder hochzukommen. Da die Hinterläufe aber noch gelähmt sind, drehen sie sich dabei im Kreis. Nach mehr oder weniger vielen Umdrehungen kommen sie zuerst schwankend auf die Läufe und werden dann aber mit jedem Schritt sicherer.

Wiederkäuendes Schalenwild sitzt nach einem Krellschuss häufig wie ruhend da. Das kann je nach Art und Schwere der Verwundung nur wenige Sekunden oder auch länger andauern. Dann versucht es ebenfalls, vorn zuerst wieder auf die Läufe zu kommen, weil das Stück ab dem Ort der Verwundung nach hinten mehr oder wenig betäubt ist. Gesundes Wild erhebt sich nach dem Ruhen zuerst mit den Hinterläufen aus seinem Lager.

Sitzt ein Krellschuss sehr hoch, dann ist das Stück sehr rasch wieder auf den Läufen. Nach ersten noch taumelnden Schritten wird es zunehmend sicherer und bald flüchtig. Viele Jäger zögern hier mit einem weiteren Schuss, da sie kein Wildbret zerstören wollen. Doch auch hier heißt es, so schnell als möglich nachschießen.

Nach einem Krellschuss sitzt Schalenwild zunächst oft wie ruhend da, wird aber rasch wieder hoch und flüchtig

NACHSCHIESSEN UM JEDEN PREIS

Ein angeschweißtes Stück muss umgehend erlöst werden. Insbesondere bei Verdacht auf Krellschuss wird sofort nachgeschossen! Lieber zehn unverwertbare Kilogramm Wildbret als 40 Kilogramm gar nicht auf der Strecke und unnötig verlängerte Leiden! Jeder Schuss, der das Stück kränker macht, erleichtert eine eventuelle Nachsuche beziehungsweise verkürzt das Leiden.

GELÄNDEZÄSUREN UND EINWECHSEL

Irgendwann entschwindet ein beschossenes Stück den Blicken des Jägers. An dieser Stelle finden sich sehr häufig Indizien, ob ein Treffer vorliegt. Sie liegt meist an einer markanten Grenzlinie, am Dickungsrand im Wald z.B. oder im Feld an einem Graben oder einem Schlag mit einer anderen Fruchtart. An Einwechseln oder Geländezäsuren ändert das Wild meist seine Laufrichtung, was dazu führen kann, dass sich ein durch die Decke verschlossener Ein- oder Ausschuss öffnet und Pirschzeichen wie Schweiß oder gar Knochensplitter erstmals aus dem Körper austreten und dann gefunden werden können.

Gerade wenn am vermeintlichen Anschussbereich nichts gefunden wird, muss auf den ersten Fluchtmetern oder eben an solchen Einwechseln nach Hinweisen gesucht werden. Wie der Anschussbereich werden auch diese Stellen verbrochen.

Am Einwechsel in den Wald finden sich oft Pirschzeichen.

TREIBER, PIRSCHZEICHEN UND ERLEGTES WILD

Bei Drückjagden werden immer wieder Treiber von Schützen dazu missbraucht, während des Treibens einen Anschuss zu suchen. Noch häufiger passiert es aber, dass Treiber selbst Schweiß finden. Gerne gehen sie dann sichtbaren Schweißfährten hinterher. Das aber ist zu unterlassen, da hierdurch eventuelle Nachsuchen nur unnötig erschwert werden. Die Treiber müssen solche Funde vielmehr entsprechend markieren, einem ortskundigen „Kollegen" zeigen und der Jagdleitung mitteilen. Finden Treiber während des Treibens verendetes Wild und liefern dieses an den nächsten Weg vor, so ist die Fundstelle mit einer vorher vereinbarten Markierung zu kennzeichnen. Dies kann beispielsweise ein Markierungsband in einer bestimmten Farbe oder Farbkombination sein oder auch ein Papiertaschentuch am Boden und ein Markierungsband in der Nähe an einem Ast. Zudem wird diese Fundstelle der Jagdleitung/dem Nachsuchenbüro gemeldet. Ein Schweißhundeführer, der mit seinem Hund an einen so markierten Platz kommt, ist dann sofort im Bilde, dass er die Suche an dieser Stelle beenden kann.

ANSCHUSSUNTERSUCHUNG

Die am häufigsten auf Schalenwild ausgeübte Jagdart ist die Einzeljagd. Der Jäger ist also meist allein unterwegs und somit auf sich selbst gestellt, wenn er geschossen hat. Das Auffinden des Anschusses birgt seine Tücken. Nachfolgend soll erläutert werden, mit welchen Methoden die Anschusssuche erleichtert werden kann.

WANN UND WIE ZUM ANSCHUSS

Nach dem Schuss möchte der Jäger seine Beute natürlich in Besitz nehmen. Liegt das Stück nicht in Sichtweite, so sucht der Jäger den Anschuss auf. Bei der Einzeljagd entscheidet er sich jedoch meist viel zu früh dafür.

WARTEN!

Mindestens eine Viertelstunde, besser aber noch mehr Zeit sollte verstreichen, bis sich der Jäger in Richtung Anschuss begibt. Es gibt mehrere Gründe für eine mindestens 15-minütige Wartezeit.

Dafür spricht zum einen, dass sich weitere Stücke in der Nähe befinden können. Wird nach dem Schuss sofort zum Anschuss ge-

Wer nach dem Schuss genug wartet, bekommt mitunter weitere Stücke noch einmal in Anblick.

rannt, so halten solche überlebenden Tiere den Knall nicht mehr für einen ungefährlichen Donnerschlag oder ein sonstiges Umweltgeräusch, sondern verknüpfen ihn mit dem Erscheinen des Todfeindes Mensch – das Wild wird zur Scheue erzogen und flüchtet zukünftig sofort in die nächste Deckung, sobald es irgendwo knallt. Wird eine längere Wartezeit eingehalten, so zeigen sich oftmals Stücke wieder, die noch in der Nähe standen. Ebenso können eine Rehgeiß oder ein Alttier, deren Kitz bzw. Kalb erlegt wurde, nach dem gerade verendeten Nachwuchs suchen. Unter Umständen ergibt sich also die Möglichkeit, ein weiteres Stück oder ein zugehöriges Muttertier zu erlegen. So zu jagen, ist für das Wild störungsarm und effektiv obendrein.

VERENDEN LASSEN

Andererseits spricht für eine ausgedehnte Wartezeit auch die Tatsache, dass selbst mit Kammerschuss getroffene Stücke nach einer kurzen Flucht noch nicht gleich verendet sein müssen. Ist nur die Lunge getroffen und hat sich die Decke oder Schwarte über Ein- und Ausschuss geschoben, dann dauert es eine gewisse Zeit, bis das Stück infolge der Organverletzung verendet. Das geschieht vor allem dann, wenn das Projektil genau zwischen den Rippen auf den Wildkörper auftrifft. Das Geschoss erfährt zu wenig Widerstand, um sich zu deformieren. Der Ausschuss wird automatisch kleiner. Tritt das Projektil auch noch zwischen den Rippen aus der Kammer, sind nicht selten Ein- und Ausschuss nur kalibergroß. Die Verletzung der Lunge ist nur marginal – als sei sie nur von einer Stricknadel durchstoßen worden. Sie fällt also nicht gleich zusammen. Warten wir nach dem Schuss lange genug, kann ein so getroffenes und in unmittelbarer Nähe des Anschusses sitzendes Stück in Ruhe verenden, ohne zur Flucht gezwungen zu werden.

MIT KAMMERSCHUSS FLUCHT NACH EINER STUNDE

Folgenden Fall haben die Verfasser selbst erlebt: Ein Jährling von aufgebrochen zwölf Kilogramm Gewicht hatte einen Kammerschuss mit Ein- und Ausschuss zwischen den Rippen bekommen. Nach einer Stunde noch lebte er und wurde aus dem Wundbett hoch. Erst durch die erneute Flucht öffnete sich der Ausschuss wieder, sodass die Lunge zusammenfiel und das Böcklein nach 50 Metern verendete.

LAUT ZUM ANSCHUSS

Immer noch wird mitunter gelehrt, dass der Anschuss möglichst leise aufzusuchen sei. Genau das Gegenteil ist aber der Fall. Der Jäger muss sich zwar nicht gleich laut johlend, sollte sich aber keinesfalls leise schleichend dem Anschuss nähern. Laute Menschen sind – wie laut jagende Hunde – für das Wild einschätzbar und daher keine direkte Gefahr. Das Wild wird zwar beunruhigt, flüchtet aber nicht panisch, denn dieser Beunruhigung kann es langsam und problemlos ausweichen. So können sich überlebende Stücke oder vielleicht auch das in der Nähe im Wundbett sitzende, beschossene Tier verdrücken. Kopflose, panische Fluchten unterbleiben. Wird nämlich ein Stück Wild kurz nach dem Schuss jäh

Sau im Wundbett

ZU FRÜH AUFGEMÜDET

Ein Überläuferkeiler lag nach dem Schuss nicht sofort und der Jäger verließ umgehend die Leiter. Anstatt den Anschuss eingehend zu untersuchen und die richtigen Schlüsse daraus zu ziehen, rief der Schütze einen Jagdfreund mit dessen Hund zur Hilfe. Schon kurze Zeit nach dem Schuss folgte das Trio der Fluchtfährte der Sau und müdete das Keilerchen nach etwa 300 Metern auf. Am nächsten Morgen wurde die Schweißhundestation verständigt, zwei Stunden später begann die Nachsuche. Die Wundfährte führte durch ein Waldgebiet, über Wiesen und durch eine Viehweide, dicht an einem Bauernhof vorbei durch ein Tal. Steil ging es dann auf der gegenüberliegenden Bergseite dem Wald entgegen. Schweiß hatte zu dem Zeitpunkt schon lange nicht mehr bestätigt werden können. Im Wald ging es noch einmal eine ordentliche Strecke über den nächsten Bergrücken, dann wurde der Überläuferkeiler verendet im Altholz gefunden. Gemäß Ortungsgerät hatte sich die Nachsuche über eine Länge von 5,2 Kilometern erstreckt. Hätte der Jäger am Vortag mindestens drei, besser vier Stunden gewartet, wäre die Sau im Wundkessel geblieben und dort verendet.

aus dem Wundbett hochgemacht, flüchtet es oft, „so weit die Füße tragen“. Weidwund geschossene Stücke vollführen dann oft noch kilometerlange Fluchten und brechen mitunter verendet in der Fährte zusammen.

ZUM ANSCHUSS VON HINTEN

Um den Anschuss zu finden, begibt sich der Jäger von seinem Standort in einem Bogen zu dem hinter dem beschossenen Stück gelegenen Richtungspunkt, den er sich unmittelbar vor dem Schuss eingeprägt hat (s. Seite 16). In einem Bogen geschieht dies, um nicht unabsichtlich den Anschuss zu betreten und Pirschzeichen zu verschleppen. Vom Richtungspunkt aus blickt der Jäger nun zu seiner Ansitzeinrichtung oder dem zuvor markierten(!) Schützenstandort. Dann nähert er sich langsam und vor allem in gerader Linie dem Anschussbereich *von hinten*. Die Entfernung zum Anschuss kann er nun mit Hilfe des ebenfalls eingeprägten Entfernungspunktes eingrenzen.

WARUM VON HINTEN?

Das Angehen des Anschusses von hinten vereinfacht die Suche enorm, denn zumeist ist der Schütze ja allein und hat keinen Gehilfen, der ihn einweisen könnte. Ein direktes Angehen des Anschusses vom Schützenstandort aus scheitert dann meist an der Vegetation und am Gelände, die ein geradliniges Laufen unmöglich machen. Der veränderte Blickwinkel am Boden erschwert die Angelegenheit zusätzlich, weil vom Hochsitz aus angepeilte Punkte teilweise nicht mehr gesehen werden. Bei einem Start an der Richtungsmarke mit dem Blick stets zum Schützenstandort lässt sich eine gerade Linie am besten einhalten.
Den Anschuss von hinten anzugehen, ist mit einem weiteren großen Vorteil verbunden: Hinter dem beschossenen Stück, so es tatsächlich getroffen wurde, sind naturgemäß viel mehr Pirschzeichen vorhanden als

Bevor es zum Anschuss geht, wird auch bei der Einzeljagd der Schützenstandort markiert.

„Mehr sehen als gehen“ – den Anschussbereich findet man nur durch ganz genaues Hinsehen.

an der Stelle, an der genau das Wild stand. Die Wahrscheinlichkeit, Pirschzeichen zu finden und so den eigentlichen Anschuss zu lokalisieren ist also um einiges höher, wenn die Suche „von hinten her" erfolgt. Beim Aufsuchen des Anschusses gilt grundsätzlich: mehr sehen als gehen! Wichtige Indikatoren, die den Anschussbereich „verraten", können nur durch genaues Hinschauen entdeckt werden.

AUSNAHMEN

Zwei Ausnahmen, bei denen das Suchen des Anschusses vom Standplatz aus erfolgt, gibt es allerdings:

Schnee In einer Schneedecke findet sich der Anwechsel des Wildes leicht. Sobald er gekreuzt wird, tut also erhöhte Aufmerksamkeit not. Das sich im Schnee abzeichnende Fährtenbild wird dann in Augenschein genommen. Passt es zum Stück, erfolgt die weitere Anschusssuche seitlich von der Fährte.

Bergaufschuss im Laubwald Die zweite Ausnahme, in der die Anschusssuche von vorn sinnvoll ist, sind steile Bergaufschüsse in Laubwaldhängen mit viel Falllaub an der Erde. Würde man sich hier dem Anschuss von hinten, von oben also, nähern, wäre nicht zu verhindern, dass das Laub, der Schwerkraft folgend, bergab rutscht und Pirschzeichen überdeckt. Zudem ist im Falllaub, fast wie im Schnee, zumindest die Fluchtfährte meist gut sichtbar.

Schießt man an einem solchen Hang bergauf, geht man den Anschuss besser von vorn bzw. unten an.

AM ANSCHUSS

Am Anschuss angelangt, muss sich der Jäger unbedingt bewusst machen, dass er nicht vorrangig nach Schweiß sucht. Alle anderen gefundenen Pirschzeichen sind von größerer Bedeutung als Schweiß! Bei unseren Anschussseminaren geben wir diesen Hinweis immer wieder und fordern dazu auf, die Farbe Rot regelrecht auszublenden. Hier sind Jäger mit einer Rot-Grün-Sehschwäche im Vorteil.

Hat sich das Gehirn des Jägers darauf eingestellt, wird sein Auge dem folgen. Jetzt kann es ihm gelingen, den Anschuss tatsächlich gründlich und nicht nur oberflächlich zu untersuchen. Plötzlich werden Dinge wie beispielsweise weiße Knochensplitter, schwarze Borsten oder brauner Darminhalt entdeckt.

Wird das erste Mosaiksteinchen gefunden, darf nicht der Fehler begangen werden, es sofort aufheben zu wollen. Oftmals steht der Suchende nämlich schon mitten im Anschuss. An der Stelle, an der ein Teil liegt, liegen meistens weitere. Jetzt heißt es also Augen auf und nach weiteren Pirschzeichen in unmittelbarer Umgebung suchen, ohne sie zu „vertrampeln".

FARBSEHSCHWÄCHE ANGEBOREN

Rot-Grün-Sehschwäche oder -Blindheit ist immer angeboren. Sie verstärkt oder verringert sich nicht im Laufe des Lebens. Knapp zehn Prozent aller Männer haben eine solche Schwäche, unter den Frauen ist weniger als ein Prozent davon betroffen.

AUF DEN KNIEN SIEHT MAN MEHR

Es wird also nun mit noch schärferem Auge weitergeschaut. Da man mit den Augen mehr findet als mit den Füßen, begibt man sich zweckmäßigerweise dabei nach unten. Es geht also in die Hocke oder gar auf die Knie. Dann ist der Tatort nahe und die Detektivarbeit kann beginnen. Es ist ein himmelweiter Unterschied, ob die Suche aus 1,7 Metern Höhe oder aus einem halben Meter Höhe stattfindet.

Kleinste Pirschzeichen werden im Knien oder in der Hocke besser entdeckt als stehend.

Wildbretfetzen an einem Baum: Pirschzeichen finden sich nicht nur an der Erde!

NICHT NUR AM BODEN SUCHEN

Die Umgebungssuche darf sich dabei keinesfalls nur auf den Boden beschränken. Die beim Ausschuss aus dem Wildkörper mitgerissenen oder infolge des beim Schuss entstehenden Drucks im Wildkörper hinausgedrückten Partikel werden trichterförmig hinter dem Anschussbereich verteilt. Befindet sich dabei etwas in der Flugbahn – ein Baum, ein Grashalm, ein Himbeerstängel o. Ä. – und wird getroffen, so wird das Teilchen mehr oder weniger daran haften bleiben. Folglich können einzelne Pirschzeichen in mehr oder weniger großer Höhe und auch seitlich vom Anschuss zu finden sein. Nicht selten kommt es vor, dass vor allem Wildbretteilchen in mehreren Metern Entfernung an Baumstämmen in drei oder gar vier Metern Höhe hängen.

BRUCHZEICHEN?

Zur jagdlichen Tradition gehören neben den Jagdhornsignalen oder der Jägersprache auch die Bruchzeichen. Ehemals der lautlosen und unauffälligen Verständigung der Jäger dienend, mögen Brüche teilweise auch heute noch ihre Berechtigung haben, im Zeitalter von Smartphone und Co. sind sie aber weitgehend überflüssig geworden. Aus jagdpraktischer Sicht nicht nur überflüssig, sondern geradezu unpraktisch sind der Anschuss- und der Fährtenbruch. Im Wald solche Brüche wiederzufinden, ge-

BLÄTTER UMDREHEN

Sobald Wild flüchtet und dabei Vegetation im Wege ist, wird sie kurzzeitig weggedrückt oder gar dauerhaft umgeknickt. Umgedrehte Blätter, niedergedrückte Grashalme etc. lassen oft die Fluchtspur auf einigen Metern erkennen. Gerade an der Vegetation finden sich häufig Pirschzeichen, meist abgestreifter Schweiß. Flexible Pflanzenteile gehen oft wieder in ihre Ausgangslage zurück, sodass gerade in der erkennbaren Fluchtspur Blätter oder Halme auch einmal umgedreht werden müssen. Abgestreifter Schweiß findet sich oft auf Blattunterseiten und an aufrechten Halmen.

Markierungsband – preiswert, gut zu sehen und leicht mitzuführen

staltet sich naturgemäß sehr schwierig. Folglich finden sie heute keine Anwendung mehr beim „Verbrechen" des Anschusses oder beim Markieren sonstiger wichtiger Dinge im Fährtenverlauf. Im Offenland allerdings können Zweige, Äste oder Astteile zur Markierung von Anschüssen ihren Zweck erfüllen, wenn die verwendeten Äste deutlich über die Vegetation hinausragen. Ob dann noch von Brüchen gesprochen werden kann, sei dahingestellt.

MIT TASCHENTUCH ODER MARKIERUNGSBAND

Heute gibt es für die Markierung von Anschüssen oder wichtigen Punkten im Fährtenverlauf wesentlich besser geeignete Mittel, die dem Jäger und auch dem Schweißhundeführer die Arbeit deutlich erleichtern. Erste Wahl zur Markierung des Anschusses stellt das Papiertaschentuch dar, denn in vielen Fällen hat der Jäger ein Päckchen davon in seiner Hosentasche.

Das bestgeeignete und zugleich auch preiswerteste Mittel dafür ist sogenanntes Markierungsband. Dieses verrottende Papierband ist in verschiedenen Farben erhältlich und wird vor allem in der Forstwirtschaft zur Markierung von Bäumen verwendet. Eine Rolle hat 75 Meter Länge, kostet 3,- bis 5,- € und reicht einem Jäger mehrere Jahre zur deutlich erkennbaren Markierung wichtiger Details. Es ist sehr leicht und kompakt aufzubewahren, ein paar Meter davon finden problemlos in jeder Jackentasche Platz.

Damit das Band in der Jackentasche nicht nass und unbrauchbar wird, empfiehlt sich die Aufbewahrung in einer leeren Filmdose oder einem kleinen Plastikbeutel mit Druckverschluss. Da das Material verrottet, kann das Band in der Natur bleiben.

Papiertaschentuch oder Markierungsband – beides wird später auf jeden Fall leichter wiedergefunden als ein in den Waldboden gesteckter Zweig.

DER WEISSE LEITHUND

Unter welchen Temperaturen und Feuchtigkeitsverhältnissen Schnee entsteht und fällt, entscheidet auch über dessen Gestalt und Eigenschaften. Ski- und Skiwachshersteller sind in der Beurteilung von Schnee wahre Experten, weil jede Temperatur und damit Kristallform einen anderen Schliff und ein anderes Wachse erfordert. Ganz so kompliziert ist es für den Jäger zum Glück nicht. Aber auch er kann „verwachsen", wenn er ein paar Grundlagen zur weißen Pracht nicht beachtet.

SCHNEESORTEN

Filigrane, in aller Regel sechseckig-sternförmige Schneekristalle – „bekannt aus Film und Fernsehen" – entstehen nur in Temperaturbereichen nahe null Grad Celsius. Bei tieferen Temperaturen entstehen kleinere prismen- oder plättchenförmige Flocken, die sich wegen der glatten Oberfläche, vergleichbar trockenem Sand, nur sehr schlecht miteinander verbinden.
Auch das Alter der Schneeschicht beeinflusst deren Eigenschaften. Für den Jäger ist vor allem wichtig, wie gut Pirschzeichen wie Schnitthaare, Knochenteile und Schweiß zu erkennen sind. Welche besonderen Schneeverhältnisse und Wettersituationen die Beurteilung des Anschusses häufig fehlleiten, sollen nachfolgende Ausführungen verdeutlichen.

CHAMPAGNE POWDER

Hierunter ist ein besonders trockener, leichter Pulverschnee zu verstehen. Der Name stammt aus einer Gegend in den Rocky Mountains, in der diese Schneeart häufig vorkommt. Diese tiefgründig haltlose Schicht verzahnt sich in keiner Weise miteinander. Grund sind die tiefen Temperaturen, bei denen die Schneeflocken entstehen. Die Flocken sind keine typischen Sternkristalle, sondern kleine Plättchen. Der Schnee ist so trocken und leicht, dass er bei geringsten Windbewegungen verweht. Das hat zur Folge, dass Fährten nur als Bahnen im Schnee zu erkennen sind, weil der luftige Schnee sofort wieder nachrutscht. Genauso verhält es sich auch mit Pirschzeichen. Schweißtropfen, die auf diesen Schnee fallen, tauen ein paar Kristalle an, werden dadurch noch schwerer und sinken in der luftigen Masse nach unten. Daher sind bei dieser Schneeart selbst kleinste Schweißspritzer kaum an der Oberfläche zu finden. Schwerere Pirschzeichen bleiben schon gar nicht auf der Oberfläche, sondern versinken oder werden beim Schuss regelrecht in den Schnee hineinkatapultiert. Lediglich die leichten Schnitthaare sind auf dem weißen Leintuch zu erkennen. Die Masse ist derart luftig, dass sogar schwerere Schwarzwildborsten ein paar Millimeter zwischen den Kristallen versinken. Der Wirbel, den das abspringende Stück verursacht, erzeugt nochmals weiteres „Verblenden" der Pirschzeichen, sodass häufig rein gar nichts an der Oberfläche zu erkennen ist. Sogar der Kugelriss wird meist unerkennbar vom Champagne Powder verschluckt.

Vorgehensweise Genaues Lokalisieren des Anschusses, meist gut zu erkennen am aufgewirbelten Bereich, in dem das Stück absprang, ist nötig. Vorsichtiges, zentimeterweises Abtragen der Schneeschicht fördert dann das eine oder andere Pirschzeichen zu Tage. Im Zweifelsfall lässt man *immer* einen versierten Schweißhund die Angelegenheit kontrollieren. Gerade diese Schneeart ist für die Hundenase ein Heimspiel, weil sich die Duftpartikel im hohen Luftanteil des Schnees fangen und für den Vierbeiner leicht verfügbar sind.

Gefahr Der Anschuss wird nicht gefunden bzw. der Schuss wegen fehlender Pirschzeichen als Fehlschuss gewertet. Nur ein paar Haare oder Borsten und keinerlei weitere Pirschzeichen lassen den Jäger auf einen Schuss durch die Decke schließen.

Feine Schweißspritzer und einzelne Schnitt-haare auf trockenem Pulverschnee

PULVERSCHNEE

Dieser Schnee ist sehr trocken. Er fällt bei niedrigen Temperaturen, verklebt auch bei Druck kaum und ist dem Champagne Powder also sehr ähnlich, jedoch nicht ganz so locker und luftig. Pirschzeichen werden auch von Pulverschnee sehr häufig verschluckt, sodass meist nur Schnitthaare und feinere Schweißspritzer zu erkennen sind. Alle Pirschzeichen mit etwas mehr Masse, wie Wildbret, Knochen oder Schweißtropfen, tauchen sofort im Pulverschnee ab.

Vorgehensweise und Gefahr wie bei Champagne Powder beschrieben.

FEUCHTSCHNEE

Weil er unter Druck zusammenklebt, wird er auch „Pappschnee" genannt. Der Feuchtigkeitsgehalt dieses Schnees ist hoch, es lässt sich aber kein Wasser herauspressen. Da um den Gefrierpunkt entstehend, ist diese Schneeform die bei uns häufigste. Fährten sind in dieser formbaren weißen Masse sehr gut sichtbar und teilweise so exakt und scharf wie in Gips gegossen. Pirschzeichen, die auf diesen vergleichsweise schweren und dichten Schnee fallen, sinken kaum ein. Einzig massereiche Teile, die ja die Temperatur des beschossenen Stücks besitzen, schmelzen den darunterliegenden Schnee an und liegen dann nicht auf, sondern, immer noch gut sichtbar, im Schnee. Auch Schweiß taut den recht warmen Feuchtschnee an und vermischt sich mit den Schneekristallen. So „blühen" kleine Schweißtropfen teilweise zu recht gro-

In Feuchtschnee stehen Trittsiegel und Fährten meist gestochen scharf.

In Nassschnee blühen Schweißtropfen regelrecht auf und gaukeln große Schweißmengen vor.

ßen Flecken auf. Das täuscht dann eine größere Schweißmenge vor.

Vorgehensweise Gut sichtbare Pirschzeichen werden genau untersucht. Von vermeintlich großen Schweißmengen darf man sich nicht blenden lassen, sondern muss alle anderen Zeichen zur Trefferbeurteilung verwenden, um dann weitere Entscheidungen zu fällen.

Gefahr Die Schwere des Treffers wird überschätzt und die deutlich sichtbare Fährte in der Annahme verfolgt, das Stück müsse ja gleich liegen. Bei genauerer Untersuchung entpuppt sich der anfänglich diagnostizierte Kammerschuss mit viel Lungenschweiß mitunter dann doch als Laufschuss mit Knochenmark im spärlich verspritzten Schweiß. Das beschossene Stück, das normalerweise bald ins Wundbett gegangen wäre, wird aufgemüdet und die erforderliche Nachsuche unnötig erschwert. Also nicht blindlings der deutlich schweißenden Fährte folgen, sondern erst den Treffersitz genauestens analysieren.

NASSSCHNEE

Dieser Schnee wird auch Sulzschnee genannt. Er ist sehr nass, schwer und klebt zusammen. Unter Druck lässt sich Wasser herauspressen. Trotz des hohen Wasseranteils sind Fährten in diesem Schnee sehr gut sichtbar und auch scharf abgezeichnet. Es lässt sich sogar feststellen, ob die Trittsiegel frisch oder älter sind: Auf ganzer Sohle durchgefrorene Tritte sind alt. Frische Fährten dagegen sind in aller Regel nur verdichtet, aber nicht hart. Pirschzeichen sind auf Sulzschnee sehr gut zu erkennen. Frischer Schweiß „blüht“ noch stärker auf als in Pappschnee. Das

kann dazu führen, dass der Schweißtropfen um das Zehnfache vergrößert sichtbar wird. Die rote Farbe geht dabei dann in einen leicht grünlichen Schimmer über. Nach einigen Stunden hat das freie Wasser im Schnee die Farbe des Blutes deutlich verwässert und nach unten befördert. Manchmal ist am nächsten Tag auf dem Schnee nur noch ein leichter grünlicher Schimmer sichtbar.
Einen Zentimeter unter der Oberfläche ist dann häufig doch noch mehr zu erkennen: Weitere Bestandteile im Schweiß, wie z. B. winzige Organteile, Verdauungsreste oder Knochenmark, liegen nun wie separiert auf der Schneeoberfläche.
Vorgehensweise Da das „Aufblühen" des frischen Schweißes bei dieser Schneeart am stärksten auftritt, ist eine genaue Trefferanalyse überaus wichtig. Der außerordentlich gut sichtbare Schweiß sagt hier am allerwenigsten über den Treffer aus. Schnitthaare und weitere Pirschzeichen helfen da deutlich weiter und müssen ganz genau betrachtet werden, bevor der „Schweißautobahn" gefolgt wird.
Gefahr Dieser „Leithund" gaukelt extrem oft einen guten Treffer vor. „Schweiß wie aus der Gießkanne, aber wir finden das Stück einfach nicht", äußert sich dann oft ein ratloser Schütze gegenüber dem Schweißhundeführer. Die Gefahr, im Glauben an einen guten Schuss der Schweißfährte nachzugehen und das Stück vorzeitig aufzumüden, ist hier außerordentlich groß. Wird der Anschuss aber erst am nächsten Tag gefunden, kommt es in der Zwischenzeit zu einer Verlagerung des Schweißes in tiefere Schichten. Das führt dann häufig dazu, dass von einem „leichten" Treffer ausgegangen wird. Mit einem achselzuckenden „das verheilt schon, bei so wenig Schweiß" bzw. nur noch gefundenen Schnitthaaren wird dann oft von der notwendigen Nachsuche Abstand genommen.

FAULSCHNEE

Diese Substanz, auch Schneematsch genannt, ist ein Gemisch aus Wasser und Schnee. Die Masse ist derart flüssig, dass Fährten oder Spuren nach einiger Zeit fast vollständig verschwunden sind, weil die hohe Wassermenge im Schnee dessen Oberfläche mit der Zeit einebnet. Feste Pirschzeichen sind meist trotzdem gut zu finden, sinken aber durch den Aufprall ein. Flüssige Pirschzeichen werden rasch verdünnt und sind nur kurze Zeit zu erkennen. Allein schon aufgrund seiner höheren Dichte sinkt auch Schweiß im Wasser ab. Im Schneematsch ist dies gut zu beobach-

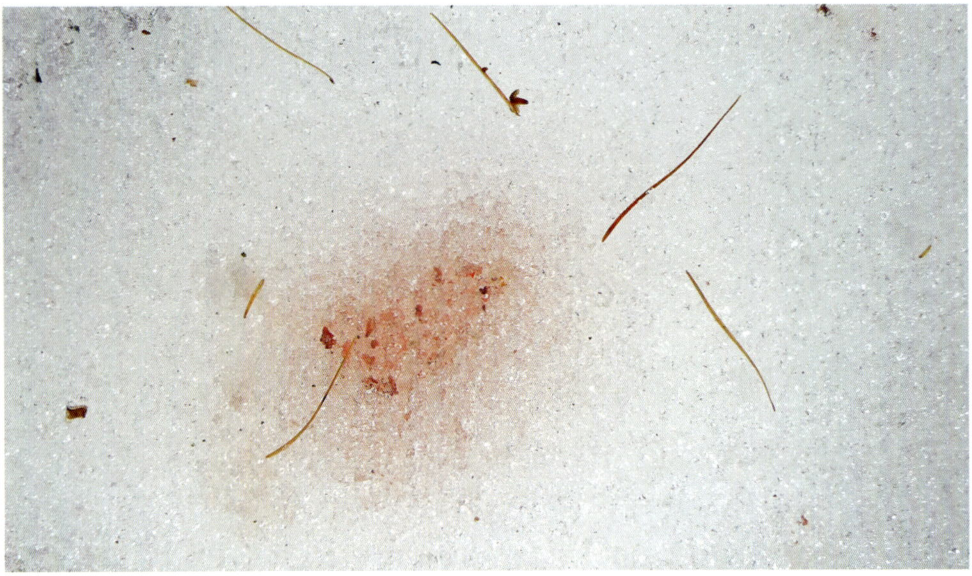

In Faulschnee verwäscht Schweiß schnell und verschwindet unter Umständen völlig.

ten. Schweiß verwäscht derartig stark, dass beispielsweise nach einem Leberschuss binnen kurzer Zeit nur noch die winzigen Leberbestandteile auf dem Schnee zu sehen, das restliche Blut aber vollkommen verschwunden ist.

Vorgehensweise Die Suche nach dem Anschuss darf nicht zu lange aufgeschoben werden, denn nur anfangs ist alles noch gut sichtbar. Wird der Anschuss abends nicht mehr gefunden, ist am nächsten Morgen zumindest der Schweiß kaum mehr zu erkennen. Hier gilt es dann besonders, nach den anderen Pirschzeichen, die den Treffersitz meist besser beschreiben, Ausschau zu halten. Wird gar nichts gefunden, ist der firme Schweißhund die letzte und beste Wahl. Für die Hundenase stellt Schneematsch keine große Schwierigkeit dar.

Gefahr Ähnlich wie bei Pulverschnee ist bei Faulschnee die Gefahr groß, dass auf Grund des vermeintlich fehlenden Schweißes der Anschuss nicht gefunden oder der Treffer als Streifschuss abgetan wird.

HARSCH

Dieser Begriff bezeichnet überfrorenen Schnee. Die Dicke der Harschschicht ist von der Entstehung abhängig und kann von einigen Millimetern bis zu mehreren Zentimeter reichen. Häufig ist die oberste Schneeschicht angetaut und auf Grund kälterer Temperaturen wieder gefroren. Aber auch Regen, der auf sehr kalten Schnee fällt, kann zu einer Harschschicht führen.

Auf dünnem Harsch sind Fährten gut sichtbar, weil das Wild einbricht. Über eine dicke Harschschicht wiederum zieht das Wild hinweg, ohne einzubrechen. Dann sind Fährten nicht wahrzunehmen. Pirschzeichen dagegen liegen auf Harsch wie auf einem Silbertablett. Härtere Pirschzeichen, wie Knochensplitter, wer-

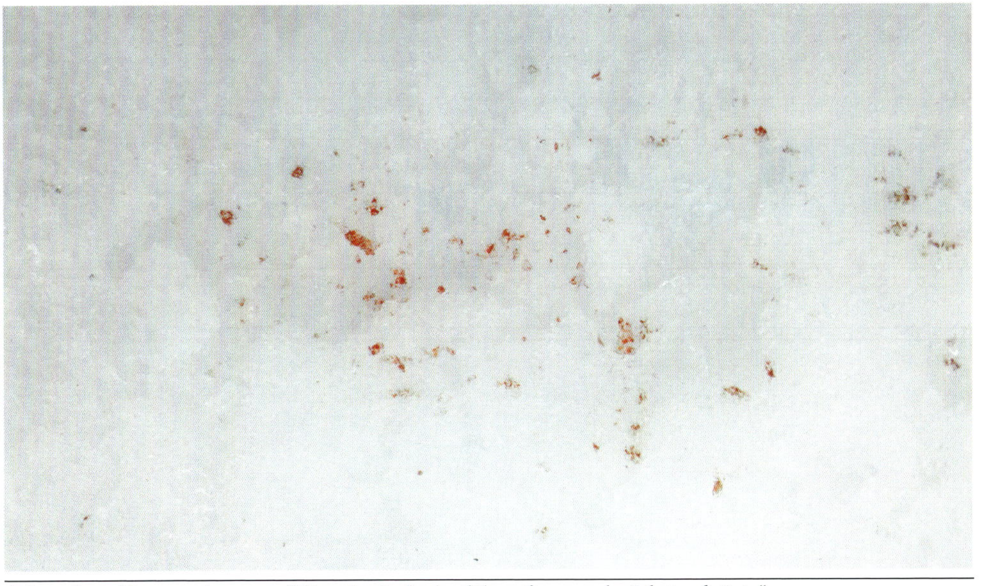

Schweißtröpfchen zerplatzen auf Harsch. Auch das führt oft zu „mehr Schein als Sein".

den auf der häufig glatten Oberfläche etwas weiter verteilt. Auf den Harsch fallende Schweißtropfen zerplatzen beim Auftreffen, werden so zu vielen kleineren Tröpfchen und gefrieren sofort mit der kalten Oberfläche zusammen. Also auch hier eine Art des „Aufblühens" des Schweißes.

Vorgehensweise Bei dünnem Harsch ist der Anschuss schon auf Grund der sichtbaren Fährten gut zu finden. Bei dickeren Schichten kann es sein, dass keine Fährte zu erkennen ist. Pirschzeichen sind auf der harten Oberfläche allerdings gut zu finden. Solche weiterführenden Pirschzeichen müssen, da es beim Zerplatzen des Schweißes zu dessen „Vermehrung" kommen kann, wieder genau analysiert werden. Selbst am Folgetag sind Anschüsse auf Harsch noch fast unverändert vorzufinden. Daher ist bei Harsch keine Eile geboten.

Gefahr Werden die gut sichtbaren Pirschzeichen genau bestimmt, ist Harsch ein guter „Leithund". Zu hastige Blicke nur auf den unter Umständen aufgeblühten Schweiß lassen den Schützen aber auch hier schnell falsche Schlüsse ziehen. Grundsätzlich jedoch gleicht verharschter Schnee fast einem Leintuch und ist recht unproblematisch für das Finden von Pirschzeichen und die Anschussbeurteilung.

EINFLUSSFAKTOREN

SCHNEEALTER

Liegt Schnee an der Erde, nimmt seine Dichte im Laufe der Zeit zu – er setzt sich: Zum einen rücken die Kristalle auf Grund ihres Eigengewichts dichter aufeinander, zum anderen sorgt auch eine Veränderung der Kristallform für eine höhere Dichte der Schneemasse – die Luftmenge im Schnee nimmt ab. Pirschzeichen werden dann nicht mehr so verschluckt, wie es bei Pulverschnee der Fall sein kann. Im Laufe der Zeit wird die Struktur des Schnees infolge häufigen Auftauens und Wiedergefrierens immer sandähnlicher, bis schließlich ein Firn entsteht. Diese grießartige Schneemasse ist für das Finden von Fährten und Pirschzeichen recht gut geeignet. Schweiß aber umhüllt die Schneekörner, vergrößert diese dadurch und damit auch, wie so häufig bei Schnee, seine Oberfläche, sodass er etwas „blendet".

WIND

Starker Wind kann zu Schneeverwehungen führen. Gerade bei leichtem Schnee ist die Gefahr groß, dass Fährten und Pirschzeichen dann verdeckt oder verweht und nicht mehr gefunden werden. Aber auch bei Harsch kann der Wind für Täuschung sorgen: Er verfrachtet Schnitthaare weit über die glatte Oberfläche, sodass der Anschuss unter Umständen nicht mehr genau lokalisiert werden kann.

REGEN

Fällt Regen auf Schneeschichten, kann das zwei verschiedene Auswirkungen haben:

1. Bei sehr tiefen Temperaturen entsteht eine Eisschicht, die bis zu mehreren Zentimetern Dicke erreichen kann. Sind Anschuss und Pirschzeichen dann mit Eis überzogen, werden sie selbst für eine geschulte Hundenase schwer wahrzunehmen.
2. In aller Regel verursacht Regen auf Schnee eine Veränderung der Schneeart. So wird aus Pulverschnee dann ein Feuchtschnee. Regnet es weiter, wird der Feuchtschnee zum Nassschnee bis hin zum Faulschnee. Die damit verbundenen Eigenschaften und Gefahren sind entsprechend zu beachten.

Durch den Regen wird Schweiß allerdings sehr rasch im Schnee nach unten verfrachtet, teilweise über 50 Zentimeter tief, und ist letztendlich nicht mehr als Schweiß zu erkennen.

Frischer Schweiß (l.) wird in älterem Schnee mit relativ hohem Freiwassergehalt schon nach 30 Minuten (Mi.) und erst recht nach fünf Stunden deutlich verlagert und verwaschen.

STARKER FROST

Bei Temperaturen unter minus zehn Grad Celsius gefriert Schweiß schon auf dem Weg zum Boden. So kann es sein, dass die Tropfen beim Auftreffen schon vereiste Kügelchen sind. Gerade bei Champagne Powder oder Pulverschnee verschwinden diese Kugeln vollständig im Schnee.

Bei Starkfrost gilt es auch zu bedenken, dass plötzlich aussetzender Schweiß in der Fährte nicht auf eine wundersame Spontanheilung des Stücks zurückzuführen ist, sondern darauf, dass der ausgetretene Schweiß teilweise schon in der Decke oder Schwarte anfriert und gar nicht mehr heruntertropfen kann.

Ein weiteres Phänomen bei extrem tiefen Temperaturen ist das „Schockgefrieren" von Schweiß: An Vegetation oder Ästen abgestreifter Schweiß gefriert blitzartig und sieht deswegen nicht rot sondern hellorange aus. Weil das sehr ungewöhnlich und selten ist, wird der Schweiß dann gern übersehen.

SCHLUSSFOLGERUNG

Der „weiße Leithund" ist uns bei der Jagd und der Nachsuche häufig ein willkommener Helfer, weil wir Dinge erkennen, die wir ohne Schnee nicht wahrnehmen würden. Allerdings muss jedem Jäger bewusst sein, dass uns der Schnee mindestens genauso oft in die Irre führen kann. Die Palette reicht vom Vortäuschen von Kammertreffern bis zu vermeintlichen Fehlschüssen. Solchen Täuschungen erliegt der Waidmann aber immer nur dann, wenn er sich die genauen Eigenschaften des Schnees nicht vor Augen hält und wenn er eben *nur nach Schweiß* schaut, die weiteren Pirschzeichen dabei außer Acht lässt. Gerade bei Schnee ist es aber wichtig, alle vorhandenen Pirschzeichen zu beachten, um den Schweiß und dessen Menge richtig interpretieren zu können. Was die Pirschzeichen wirklich sagen, zeigt Ihnen das folgende Kapitel. Lohnend ist auch ein Besuch eines von professionellen Nachsuchenexperten angebotenen Anschussseminars.

PIRSCHZEICHEN

BODENVERLETZUNGEN

Als Pirschzeichen werden alle möglichen Indizien verstanden, die entweder vom getroffenen Stück Wild oder vom Projektil im Anschussbereich geliefert werden.
Besser als Schweiß geben fast alle anderen Pirschzeichen – sofern gefunden und richtig gedeutet – Aufschluss über den Sitz der Kugel. Zu ihnen zählen zunächst einmal die Male, die Kugel und Schalen des Wildes am Boden hinterlassen.

KUGELRISS

Da immer mit ausreichend Kugelfang geschossen werden muss, kann in der Regel als erster Anhaltspunkt der Kugelriss oder -einschlag gefunden werden. Bei einem flachen Auftreffwinkel ist der Kugelriss als langer, gerader Strich an der Bodenoberfläche zu erkennen. Daneben liegen frisch ausgeworfene Teile des Bodens und/oder ausgerissene Vegetationsteile. Trifft das Geschoss in steilerem Winkel auf den Boden auf, gleicht der Kugeleinschlag einem kleinen Bombentrichter, wiederum finden sich ausgeworfene Teile des Einschlaglochs. Die Stelle des Einschlags sollte zum späteren, leichteren Auffinden auf alle Fälle gleich markiert werden.
Vor allem im Wald durchschlägt der Projektilrest häufig noch Gegenstände, die sich in seiner Flugbahn befinden. Das können unter anderem vermorschte oder auch gesunde Holzstücke sein. Deshalb muss sich das Auge auch auf Gegenstände wie frische Holzsplitter einstellen, die den Kugeleinschlag verraten können.

Hier hat das Geschoss seine Bahn gezogen. Die Stelle wird markiert.

Kugelriss in einem Baumstumpf. Eine tiefe Furche hat das Geschoss in dem morschen Holz hinterlassen.

Hier hat sich das Projektil einen Weg durch Buchenverjüngung gebahnt.

Im Wald findet man zudem in Spinnweben in Anschussnähe vom Projektil aufgeworfenes Material wie beispielsweise Nadeln, Erde, Blätter oder Holzteilchen.

PIRSCHZEICHEN AM ANSCHUSS

- Kugelriss, -einschlag
- Geschoss oder Geschossteile
- Anwechsel
- Eingriffe, Ausrisse
- Knochensplitter
- Knochenmark
- Sehnen
- Wildbret
- Fett
- Magen-, Darminhalt, Netz
- Schnitthaare, -borsten
- Zähne
- Organteile (Milz, Leber, Lunge)
- Schweiß

An Orten mit viel und hoher Vegetation ist es meist schwieriger, einen Kugelriss zu finden, da der Projektilrest in „den Dschungel" fliegt. Dort kann man dann aber abgeschossene Pflanzenteile finden, die als Kugelriss gewertet und verwendet werden können.

Im Offenland, und hier gerade auf gepflügten oder noch mit Feldfrüchten bestandenen Feldern und in Wiesen mit hohem Gras, ist die Suche nach dem Kugelriss meist erfolglos.

KUGELRISS = FEHLSCHUSS – EIN MÄRCHEN

An dieser Stelle soll noch eine altüberlieferte Meinung korrigiert werden, die glücklicherweise nur noch wenig in Jägerköpfen herumspukt: „Kugelriss gefunden = Fehlschuss!" Da unsere Jagdgeschosse einen Ausschuss liefern sollen, sind sie in der Regel so konstruiert, dass sie das auch tun. Bei den Teilzerlegungsgeschos-

Auch bei einem Treffer hinterlässt der aus dem Wildkörper ausgetretene Projektilrest noch seine Spuren.

sen tritt der Restkörper des Projektils aus dem Wildkörper aus, Deformationsgeschosse tun dies meist mit noch 99% ihrer eben deformierten Masse.

FEHLENDER KUGELRISS

Im Umkehrschluss ist höchste Alarmbereitschaft angesagt, wenn keinerlei Spuren eines Kugelrisses oder -einschlags gefunden werden. Immer wieder kommt es nämlich vor, dass das Projektil den Wildkörper nicht verlässt, vor allem dann, wenn das Stück schräg stand oder relativ großes Wild beschossen wurde.
Am häufigsten fehlt der Ausschuss bei Sauen. Deren Schwarte ist im Gegensatz zu den Decken der Wiederkäuer viel elastischer und kann unter Umständen die Restenergie des Projektils oder seiner Teile vollends auffangen, ohne aufzubrechen. Oder die Energie reicht gerade noch aus, um die Schwarte zu durchbrechen, sodass der Projektilrest am Anschuss liegt.

NICHT ROT SEHEN WOLLEN

Sind am Anschuss der Kugelriss oder ein anderes Pirschzeichen gefunden, muss der Kriminologe im Jäger erwachen.
Wird Schweiß gefunden, dann ist klar, dass das Wild verletzt ist. Ziel aber muss es sein, die Trefferlage genauer einzugrenzen, um die richtigen Entscheidungen zu treffen und Fehler zu vermeiden. Daher muss sich die Person, die den Anschuss aufsucht, bewusst machen, was sie finden kann und vor allem finden will. Wie weiter vorne bereits erwähnt, wollen die Jäger immer Schweiß

WICHTIG

Werden keinerlei Anzeichen eines Kugelrisses oder -einschlags und auch keine weiteren Pirschzeichen gefunden, muss mit einem erfahrenen Nachsuchengespann eine Kontrollsuche gemacht werden!

Wer immer nur „Rot sehen" will, kann auch Täuschungen unterliegen: Das ist kein Schweiß.

Eingriffe sind anfangs oft die einzig verwertbaren Pirschzeichen.

Auf den Anschussseminaren der Verfasser lernen die Teilnehmer: Man muss nicht immer Rot sehen …

finden. Die Farbe Rot sollten sie aber in ihrem Kopf ausblenden.Bei unseren Anschuss-Seminaren ist das eine der Kernaussagen im Zusammenhang mit dem Aufsuchen der Anschüsse. Die Teilnehmer werden im wahrsten Sinne des Wortes umgepolt. Ihnen wird bewusst gemacht, dass nicht nach Schweiß, sondern nach allen möglichen anderen Pirschzeichen gesucht wird. Sobald diese Erkenntnis im Gehirn verankert ist, finden sie dann auch tatsächlich die anderen Pirschzeichen.

ANWECHSEL, EINGRIFFE UND AUSRISSE

Gerade auf der Einzeljagd fällt der Schuss häufig auf vertrautes Wild. Das erscheint dabei oftmals auf erkennbaren Wechseln. Dort können je nach Beschaffenheit des Untergrundes Schalenabdrücke des angewechselten Wildes gefunden werden.
Beim Auftreffen des Projektils quittiert das beschossene Stück dies mit einer ruckartigen Bewegung der Körpers. Deswegen können dann je nach Bodenbeschaffenheit an dem Platz, an dem das Stück bei der Schussabgabe steht, Bodenverwundungen durch die Schalen entstehen.
Das können zum einen deutliche Eingriffe der Schalen in den Untergrund sein. Zum anderen können durch die ruckartige Bewegung des Körpers Bewuchs oder Erd-

reich ausgerissen werden. Solche Eingriffe oder Ausrisse sind häufig, vor allem bei stärkerem Wild, die einzig verwertbaren Pirschzeichen. Allerdings besteht natürlich die Möglichkeit, dass solche Zeichen auch allein durch die Schreckreaktion auf den Schussknall verursacht wurden.

Werden sonst keine weiteren Indizien am Tatort gefunden, so ist eine Kontrollsuche Pflicht. Ein hinzugerufener, erfahrener Schweißhund wird seinem Führer anzeigen, ob das Stück die Kugel erhielt oder gefehlt wurde.

PEILEN DER FLUGBAHN

Werden Eingriffe oder Ausrisse gefunden, sollte auch diese Stelle eindeutig markiert werden. Zusätzlich steckt man dort einen langen, möglichst geraden Ast senkrecht in den Boden. Nun sind drei Punkte auf einer Linie bekannt – der Kugeleinschlag, der Standort des Wildes beim Schuss und die Position der Büchsenmündung (markierter Standplatz des Jägers).

So kann durch ein Zurückpeilen vom Kugeleinschlag zur imaginären Position der Büchsenmündung die Flugbahn des Projektils nachvollzogen werden. An der Stelle, an der der Ast bei den Eingriffen positioniert ist, kann nun in etwa abgelesen werden, ob der Schuss eher tief oder hoch bzw. eher hinten oder vorne auf dem Wild sitzt.

Allerdings ist das nur näherungsweise möglich, eine exakte Trefferlage kann daraus nicht abgeleitet werden.

Diese Hinweise sind in Verbindung mit weiteren Pirschzeichen dann mit ausschlaggebend für die Frage, wie die Nachsuche durchgeführt werden muss. Ist beispielsweise eher von einem hohen Laufschuss auszugehen, so kann nach einer vierstündigen Wartezeit mit der Nachsuche begonnen werden. Es ist dann davon auszugehen, dass die Verletzung größer ist als bei einem tiefen Laufschuss – es sind mehr Muskeln betroffen – und das Stück schneller krank wird. Wird der Treffer eher tiefer taxiert, so sollte die Wartezeit verlängert, Beihunde mitgeführt und gegebenenfalls sogar Vorstehschützen platziert werden.

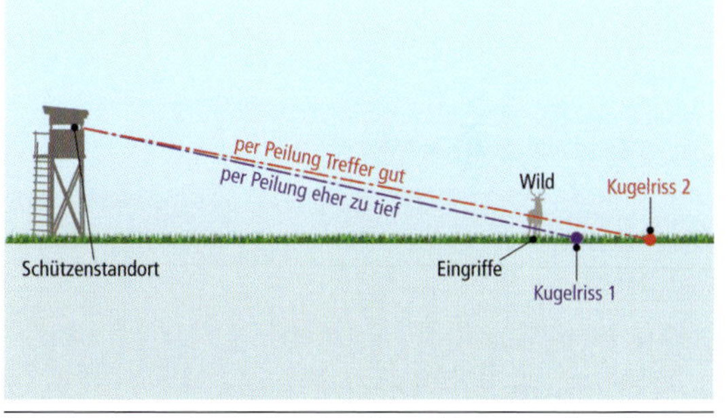

Mit den Eingangsgrößen Kugeleinschlag, Standort des Wildes und Position der Büchsenmündung kann die Projektilflugbahn gepeilt werden.

Das Peilen in der Praxis

HAARE UND BORSTEN

Jeder Treffer liefert am Anschuss mehr oder weniger Haare oder Borsten. Sie zu finden, ist manchmal extrem schwer. Da unser Wild durch seine Fellzeichnung ausgezeichnet getarnt ist, bleiben die Haare – hierunter sind im Folgenden auch Borsten zu verstehen – in der Vegetation oder auf dem Untergrund meist auch unentdeckt. Dabei können sie wertvolle Hinweise auf den Treffersitz leisten.

HAARAUFBAU

Haare und Borsten bestehen aus einer Wurzel und einem Schaft. Die nur kurze und dünne Wurzel liegt in einer Haartasche in der Haut. Sichtbar ist nur der Schaft des Haares. Er ist unterteilt in Unter-, Mittel- und Oberschaft. Wurzel und Unterschaft unserer Cerviden sind meist hellgrau. Die eigentliche Farbe des Wildes wird durch den Mittel- und Oberschaft bestimmt.

MERKMALE

Die Haare unserer Wiederkäuer sind überwiegend gewellt, was bei abgestorbenen Haare verloren geht. Im Sommer ist der Querschnitt oval, im Winter dagegen rund.

Die Borsten des Schwarzwildes sind nicht gewellt. An verschiedenen Körperstellen ist ihr Oberschaft allerdings gespalten (gespleißt). Vor allem auf dem Rücken und auf den Keulen sitzen solche gespleißten Borsten, einzelne können jedoch auf dem ganzen Körper vorkommen. Je größer die Sau, desto ausgeprägter der Spliss der Borsten. Näheres zu den Besonderheiten der Schwarzwildborsten ist weiter unten ausgeführt.

Farbe, Länge und Dicke der Haare sind an verschiedenen Körperstellen eines Stücks unterschiedlich. Zudem bestehen deutliche Unterschiede zwischen Sommer- und Winterhaar und Tieren verschiedenen Alters.

HAARE AM ANSCHUSS

Sobald das Geschoss am Wildkörper ankommt, trifft es zuerst auf Haare, von denen einige durch das in die Decke eindringende Projektil abgeschnitten werden. Sie liegen meist auf der Einschussseite. Spätestens beim Verlassen des Wildkörpers nimmt das Projektil wieder Haare, meist in deutlich größerer Anzahl, mit. Dort werden sie in der Regel mit der Wurzel oder gar büschelweise mit einem Stück Decke ausgerissen.

Bleiben die Augen bei der Schussabgabe offen, können bei einem Treffer die

wegfliegenden Haare, einer Staubwolke gleichend, erkannt werden.
Gerade bei der Frühjahrsjagd auf Rehwild im Haarwechsel werden Massen von Haaren, teilweise büschelweise, mitgerissen und bleiben am Anschuss liegen. Wird dann der alten These „viele Haare am Anschuss = Streifschuss durch die Decke" geglaubt, verludert das getroffene Stück mit gutem Schuss unweit des Anschusses.

WURZEL- ODER SCHNITTHAAR

Gefundene Haare müssen genauer untersucht werden. Zunächst ist festzustellen, ob die Haare mit oder ohne Wurzel sind. Auch außerhalb der beiden jährlichen Hauptzyklen des Haarwechsels im Frühjahr und im Herbst verlieren Tiere, wie auch wir Menschen, täglich Haare. Solche Haare fallen samt Wurzel aus. Das Projektil kann sowohl beim Auftreffen wie auch beim Verlassen des Wildkörpers solche Wurzelhaare liefern.
Für uns wichtiger und interessanter sind jedoch Haare, deren Wurzel vom Projektil abgeschnitten wurden – das Schnitthaar. Mit bloßem Auge lässt es sich erkennen, ob es sich um ein Schnitthaar oder ein Wurzelhaar handelt.Findet sich also Schnitthaar, dann können wir von einem Treffer, das kann auch nur ein Streifschuss sein, ausgehen.

Wurzelborsten (oben) und Schnittborsten einer Sau

Schnitthaar am Anschuss gibt Auskunft über den mutmaßlichen Treffersitz.

HERKUNFT

Jetzt gilt es, die Herkunft des Schnitthaars zu bestimmen. Hier helfen uns einige Regeln.

1. Je länger das Haar, desto weiter oben, und je kürzer, desto weiter unten oder vorne! Grundsätzlich sind die kürzesten Haare an den Läufen und am Haupt zu finden. An den Läufen werden die Haare nach oben hin in der Regel länger. Die längsten Haare sind auf der Rückenlinie zu finden. Beim Rotwild, und dort vornehmlich bei männlichem Wild, sitzen auch sehr lange Haare am Träger (Brunftmähne), bei Rehen gibt es ebenfalls sehr lange Haare im Bereich des Spiegels, je-

SCHNITTHAARREGELN

- Sommerhaare sind kürzer als Winterhaare.
- Unterwolle kommt beim Schwarzwild nur im Winter vor und auch in dieser Zeit niemals am Kopf und an den Läufen.
- Je weiter weg vom Rumpf, desto kürzer werden die Haare (Haupt bzw. Kopf, Läufe)
- Die längsten Haare sitzen an der Rückenlinie und am Träger (Sau und Hirsch).
- Bei den Cerviden, den Hirschartigen, sitzen die dunkelsten Haare ganz oben.
- Helle und weiche Haare sitzen vor allem am Bauch und an den Innenseiten der Läufe.

doch nicht zu jeder Jahreszeit. Grundsätzlich sind die Winterhaare länger als die Sommerhaare.

2. Je dunkler das Haar, desto weiter oben, und je heller, desto weiter unten oder „innen“: Die dunkelsten Haare sind auf der Rückenlinie zu finden. Viele wiederkäuende Schalenwildarten (z. B. Rotwild, Damwild, Sika) haben je nach Jahreszeit und individuell unterschiedlich einen sogenannten Aalstrich. Dort sind die Haare meist ganz schwarz gefärbt. Beim Rehwild sind die Haare entlang der Rückenlinie von der Basis her ganz dunkel bis schwarz, und nur das Ende des Haars ist rehrot. Nach unten hin wird die Färbung des Haares im Allgemeinen heller. Die hellsten Haare befinden sich in den „Weichen“ – also den Innenseiten der Läufe, am Bauch und letztlich am Spiegel.

Gut zu erkennen: die langen Borsten der Sau an den Oberläufen

SCHWARZWILD-BORSTEN – BESONDERHEITEN

Die Haare des Schwarzwildes werden Borsten genannt und haben ihre Besonderheiten. Obwohl Schwarzwildborsten eine recht bunte Färbung zeigen, gibt es auch bei ihnen ein paar Regeln, die der Bestimmung des Ursprungs dienen können. Grundsätzlich sitzen bei Sauen die kürzesten Borsten auch an den Läufen und am Kopf, die längsten ebenfalls auf der Rückenlinie. Allerdings befinden sich auch an den Oberläufen relativ lange Borsten, die mitunter die gleiche Länge wie die der Rückenborsten erreichen können. Diese langen Borsten an den Läufen sind nicht gespleißt. Gespleißt sind in der Regel dagegen die Borsten am oberen Bereich des Wildkörpers. Bei jüngeren Stücken ist der Spliss bei weitem nicht so ausgeprägt wie bei älteren. Bei Letzteren reicht auch der Bereich, in dem gespleißte Borsten zu finden sind, am Körper weiter nach unten, als das bei jungen Stücken der Fall ist. Hinzu kommt, dass Frischlinge eine ganz andere Färbung als adulte Tiere aufweisen.
Da Sauen häufig bei Nacht oder schlechtem Licht bejagt werden und dann alle „schwarz" sind, deutet eine am Anschuss gefundene, wirklich schwarze Schnittborste darauf hin, dass mit großer Wahrscheinlichkeit kein Frischling beschossen wurde.

UNTERWOLLE

Als „wärmendes Winterfell" trägt das Schwarzwild während etwa eines halben Jahres Unterwolle unter den Borsten. Auch sie kann am Anschuss gefunden werden und uns Aufschluss zumindest darüber geben, wo der Schuss nicht sitzen kann.

Im Winterhalbjahr kann am Schwarzwildanschuss auch Unterwolle gefunden werden.

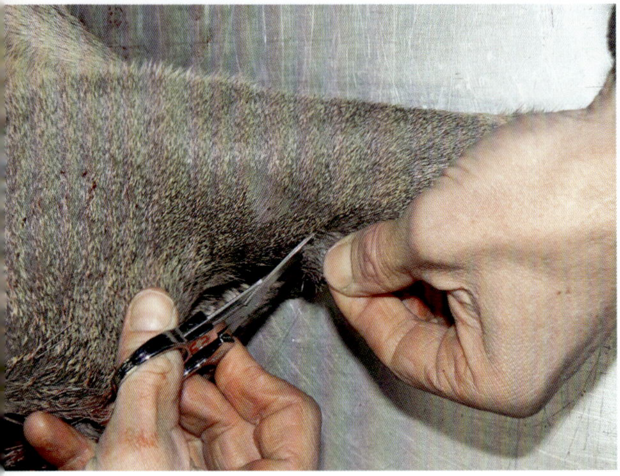

An einem erlegten Stück werden Haare für die eigene Schnitthaarsammlung gewonnen.

Beim Vergleich mit der eigenen Schnitthaarsammlung sieht man am Anschuss klarer.

Denn nicht überall am Körper einer Sau befindet sich Unterwolle. An den Unterläufen und im „Gesicht“ einer Sau fehlt sie. Erst ab etwa den Wangen ist sie vorhanden. Dies ist auch einfach zu erklären und zu merken. Überall dort, wo das Schwarzwild ständig mit Erde in Kontakt kommt, befindet sich keine Unterwolle. Fälschlicherweise wird oft noch behauptet, dass eine Sau nur am Bauch Unterwolle hat. Sobald also Unterwolle gefunden wird, kann von einem Treffer, und zwar einem Körpertreffer ausgegangen werden.

DAS EIGENE SCHNITTHAARBUCH

Das Anlegen einer Schnitthaarsammlung ist denkbar einfach. Dazu benötigt man eine frische Decke, oder besser ein Stück Wild. Von jedem wichtigen Punkt des Körpers entnimmt man nun mit einer Schere ein Büschel Haare. Dabei ist es wichtig, die Haare möglichst nah an der Haut des Tieres abzuschneiden. Das gewährleistet, dass die ursprüngliche Haarlänge, also der gesamte Schaft des Haares (s.o.), auch zu erkennen ist. Die Haarbüschel werden auf vorbereitete und entsprechend beschriftete Kartonkarten geklebt. Als Beispiel seien die Schnitthaarbuchkarten der Zeitschrift „Wild und Hund“ genannt. Der bestgeeignete Klebstoff ist Holzleim. Er wird auf einer Fläche von ca. zwei mal zwei Zentimetern relativ dick aufgetragen. Die Schnitthaare werden fest angedrückt. Gelangt ein wenig Leim auf die Oberfläche der Schnitthaare, ist dies kein Problem: nach dem Aushärten ist der Leim glasklar und kaum mehr zu erkennen. In einer handlichen Schnitthaarmappe werden die Sammlungen für jedes Stück separat aufbewahrt. So stehen sie als Vergleichsmuster für Haarfunde am Anschuss zur Verfügung. Wichtig ist aber, für jede Wildart Sommer- und Winterhaarsammlungen anzulegen und auch die unterschiedlichen Alters- und Geschlechtsmerkmale zu berücksichtigen.

KNOCHEN, KNORPEL UND CO.

Deutliche Hinweise auf den Treffersitz geben Pirschzeichen, die vom Wildkörper selbst stammen. Welche das neben Haaren oder Borsten und Schweiß sind und wie sie interpretiert werden, soll uns im Folgenden beschäftigen. Wichtig ist immer, alle gefundenen Pirschzeichen zu sichern.

Gesichert werden Pirschzeichen einerseits durch das Markieren der Fundstelle und andererseits durch das Einsammeln des „Fundstücks". Zum Sammeln haben sich normale Papiertaschentücher bestens bewährt. Kleinteile können darin problemlos eingewickelt werden, sie bieten einen guten Kontrast und sind einfach mitzuführen. Die Verpackung von Papiertaschentüchern ist zudem geeignet, größere, feuchte Bestandteile aufzunehmen.

Fundstücke lassen sich einfach in einem Papiertaschentuch sammeln. Solche Tücher machen auch Schweiß schnell sichtbar.

TIPP

Papiertaschentücher können auch als „Schweißfinder" dienen. Der wird manchmal nämlich unsichtbar, sei es durch Eintrocknen oder weil er von Moos oder Nadelstreu aufgesogen wird. Tupft man mit einem befeuchteten Papiertaschentuch auf die verdächtige Stelle, zeigt sich etwaiger Schweiß sofort an einer Rotfärbung des Tuches.

PIRSCHZEICHEN – NICHT NUR BEIM JÄGER BELIEBT

Warum die Pirschzeichen eingesammelt und mitgenommen werden sollen, ist sehr einfach zu erklären: Wird ein Stück Wild getroffen, so fällt relativ viel „Recyclingmaterial" wie beispielsweise Wildbret, Haare, Knochensplitter usw. an. Die Natur aber ist ein Recyclingbetrieb erster Klasse. Überall stehen Verwerter aller Größen und

Papiertaschentücher machen jedes Tröpfchen Schweiß schnell sichtbar.

Schmeißfliegen und Wespen sind nur zwei von vielen „Interessenten" für Pirschzeichen.

Arten, mikroskopisch kleine Bakterien, Insekten wie zum Beispiel Ameisen, Wespen oder Käfer sowie die ganze heimische Vogelwelt vom Zaunkönig bis zum Kolkraben – bereit, die Pirschzeichen zu zersetzen oder verwerten. Auch Mäuse, Eichhörnchen und alle Raubwildarten sind rasch zur Stelle, um bei der „Tatortreinigung" zu helfen, und nicht zu vergessen sind Schnecken, die als „Fleischliebhaber" Anschüsse mit rasender Geschwindigkeit aufsuchen und vieles binnen kurzer Zeit verschwinden lassen. Wettereinflüsse starker Wind, einsetzender Regen oder Schneefall können Pirschzeichen ebenfalls binnen kurzer Zeit entfernen oder unsichtbar machen.

KLEINE KRABBLER AM ANSCHUSS

Je nach Witterung und verstrichener Zeit finden sich die unterschiedlichsten Organismen am Anschuss ein. Schmeiß- und Fleischfliegen besitzen einen bestechenden Geruchssinn. Ist es entsprechend warm, dann sind sie bereits nach wenigen Minuten zur Stelle, um mit dem Aufräumen des „Tatorts" zu beginnen. Gleiches gilt für Aaskäfer wie zum Beispiel die Totengräber (Gattung Nicrophorus), die auch sehr schnell zur Stelle sind, um sich ihren Anteil an frischer Nahrung zu sichern. Nicht zu vergessen sind die Ameisen. Befindet sich ein Anschuss in der Nähe ihres Nestes, so sind auch sie sofort zur Stelle, um sämtliches Eiweiß in ihrem Einzugsbereich zu verwerten. Innerhalb kürzester Zeit ist der Anschuss blitzblank geputzt.

Deshalb gilt es, beim Aufsuchen des Anschusses auch auf landende „Hubschrauber" zu achten. An der Stelle, an der Insekten landen, ist meist etwas zu finden. Fiel der Schuss beispielsweise am späten Abend oder in der Nacht, wird häufig der Anschuss am nächsten Morgen (nochmals) gesucht. Da die Luftfeuchtigkeit in der Nacht in der Regel deutlich höher ist als am Tage, sind Schnecken am Werk oder haben ihre Spuren hinterlassen. Auch sie ernähren sich von Aas und können über Nacht Pirschzeichen verschwinden lassen. Oftmals fressen sie das Wildbret von Knochensplittern, sodass diese dann wie frisch poliert am Anschuss leuchten.

KNOCHENSPLITTER

Werden Splitter eines Knochens am Anschuss gefunden, so wird meist ohne weiteres Suchen auf einen Laufschuss geschlossen. Aber das muss so nicht sein. Leicht kann ein Knochensplitter aus dem Unterkiefer mit dem aus einem Lauf verwechselt werden. Beide können relativ groß, spitz und scharf sein. Ein Splitter aus dem Unterkiefer ist eher V-förmig und nicht gerundet wie der Splitter eines Röhrenknochens. Sobald der Knochensplitter eines Röhrenknochens allerdings dem Gelenkbereich entstammt, hat er auch nicht mehr eine runde Form. Hier ist dann an der Innenseite ein filigranes, durch das Knochenmark rot gefärbtes Knochengerüst, die Spongiosabälkchen, zu erkennen.
Wird der Splitter dem falschen Knochen zugeordnet, folgt daraus unter Umständen eine falsche Entscheidung für die anstehende Nachsuche. Statt des angenommenen Laufschusses z. B. entpuppt sich der Treffer als Gebrechschuss und die notwendigen Vorstehschützen sind nicht eingeplant. Der Jäger sollte also mit der Anatomie der jagdbaren Tiere vertraut sein und die einzelnen Knochenteile exakt bestimmen können.

Ein präparierter Laufknochen gibt Aufschluss über den Knochenfund am Anschuss.

ANSCHAUUNGSUNTERRICHT

Jeder Jäger kann sich selbst in „Knochenkunde“ weiterbilden, indem er erlegte Tiere genauestens anschaut und untersucht. Es hat sich bewährt, ganze Knochen oder zum Beispiel die drei großen Knochen eines Laufes auszubeinen, dann auszukochen und somit haltbar zu machen. Daran können die einzelnen Besonderheiten bestens erkannt werden, und Fundstücke von Anschüssen lassen sich damit optimal vergleichen.

GELENKTEILE

Werden Teile von Gelenken gefunden, müssen sie auf ihre Herkunft untersucht werden. Die Art des Gelenks (Kugel-, Scharnier- oder Sattelgelenk) gibt dann schon einen sehr guten Anhaltspunkt.

KUGELGELENKE

Am wenigsten wahrscheinlich finden sich Teile von Kugelgelenken am Anschuss. Die Kugelgelenke sitzen allesamt im oberen Bereich der Gliedmaßen und bilden entweder die Verbindung zur Hüfte oder zum Blatt. Werden sie bei einem breit stehenden Stück getroffen, ist, ihrer Lage wegen, der Rumpf immer mit getroffen, sodass sich das Wild meist nicht mehr weit vom Anschuss entfernt oder auch sofort verendet. Die Verletzung ist in der Regel einfach zu groß für weite Fluchten.

Anders verhält es sich allerdings, wenn ein Stück schräg oder spitz stehend beschossen wird. Je nach Stellung des Wildes können dann tatsächlich Kugelgelenksfragmente am Anschuss liegen und das Stück einen Laufschuss haben, ohne dass der Rumpf betroffen ist. Meist sind dann aber noch größere Muskeln betroffen, sodass auch diese Verletzungen recht groß sind. Dieser Fall kann auch dann eintreten, wenn ein Tier sehr steil von oben oder unten beschossen wird.

SCHARNIER- UND SATTELGELENKE

Teile von einem Scharnier- oder Sattelgelenk sollten unterschieden werden können. Die Scharniergelenke der Gliedmaße (Knie- bzw. Ellbogengelenk) sitzen weiter oben am Lauf als die Sattelgelenke. Folglich deuten Scharnierknochensplitter auf einen höheren Laufschuss hin. Dort ist die Verletzung meist schmerzhafter, da sich in diesem Bereich mehr Wildbret befindet als weiter unten am Lauf – die Verletzung ist also in der Regel größer.

Sattelgelenkssplitter entstammen aus dem Bereich der Fußwurzel oder den Zehen. Selbstverständlich sind auch diese Verletzungen schmerzhaft, aber das in diesem Bereich verwundete Stück benutzt den verwundeten Lauf, vor allem bei der Flucht, wenn es verfolgt wird, wie einen gesunden. Auf Grund der relativ geringen Muskelver-

Ein Knochensplitter am Anschuss

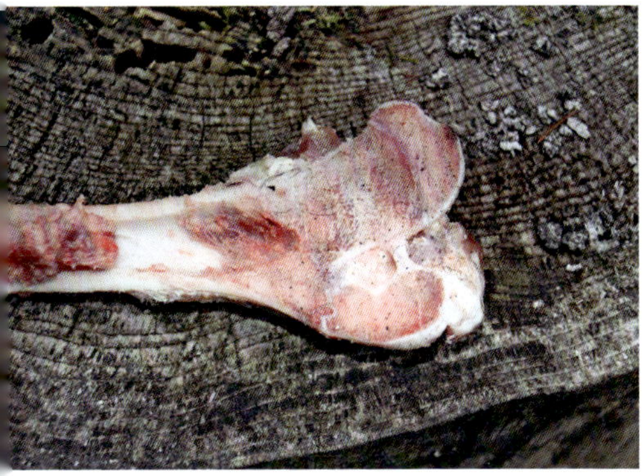

Gelenken haftet oft Knorpel an. Gut zu sehen ist hier auch das poröse Knocheninnere.

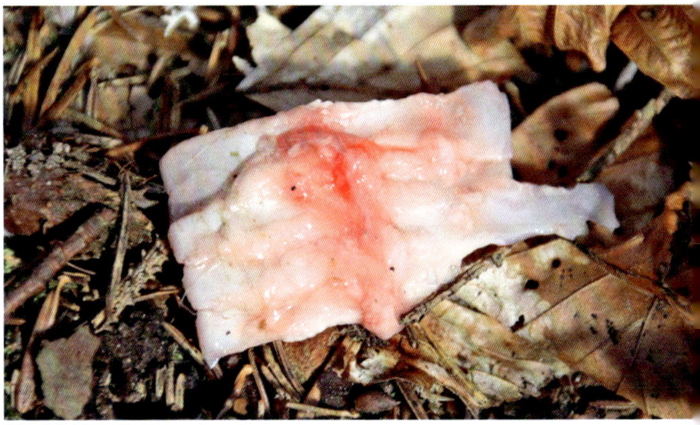

Drosselstücke sind kaum zu verwechseln – sie können Ergebnis eines versuchten Trägerschusses sein.

letzung durch solche Schüsse verheilen diese Wunden häufig. Der getroffene Lauf versteift in diesem Bereich oder das untere Stück fällt nach einer gewissen Zeit ab. Dann gleicht die verwundete Stelle einer Amputationsnarbe. Wird festgestellt, dass ein führendes Stück einen tiefen Laufschuss hat, ist abzuwägen, ob es überhaupt weiter verfolgt werden soll. Solange es nämlich seinen Nachwuchs bei sich hat, wird es mit so einer Verletzung ständig flüchten und sich kaum stellen. Die Chancen einer Ausheilung sind groß und die Jungtiere wären im Erlegungsfall ohne Führung.

KNORPEL

An den Gelenken ist häufig noch sehr glatter und fest anhaftender Knorpel zu finden. Knorpel findet sich jedoch auch noch an anderen Körperstellen. So zum Beispiel in den Lauschern der Wiederkäuer oder den Tellern der Sauen. Dabei haften meist noch Reste der Decke/Schwarte mit den entsprechenden Haaren/Borsten an, sodass der Schuss relativ leicht zu deuten ist.

DROSSELSCHUSS

Anders verhält es sich, wenn ein nur kleines Stück der Drossel am Anschuss liegt. Hier verrät uns aber die gebogene Form des Knorpels mit den flexiblen Gewebeteilen dazwischen seine Herkunft. Eine Verletzung am Hals oder Träger mit offener Luftröhre stellt eine erhebliche Beeinträchtigung für das Tier dar. Die Atemluft wird nicht mehr über die Nase oder den Rachen gefiltert. Es können also Fremdkörper oder Körperflüssigkeiten wie Blut oder Speichel mit eingeatmet werden. Durch diese Umstände kommt ein so verwundetes Stück eher in Atemnot und geht oft schon nach kurzer Zeit ins Wundbett.

KNOCHENMARK

Weißes Knochenmark am Anschuss deutet auf den Treffer eines Röhrenknochens hin. Oftmals wird dieses Knochenmark nicht als solches erkannt, da es entweder nicht bekannt oder durch die Auftreffenergie des Geschosses mit Schweiß vermischt ist und dann blasigem Lungenschweiß sehr ähnelt.

Als Folge davon wird von einem Kammertreffer ausgegangen und die vermeintlich kurze Totsuche irgendwann verzweifelt abgebrochen. Meist ist das Stück zuvor aus dem Wundbett aufgemüdet worden und nur noch mit sehr viel Mühe oder Glück zu bekommen.

FINGERPROBE

Es hilft also nur die Fingerprobe. Zerreibt man Knochenmark zwischen den Fingerkuppen, bleiben keine Rückstände zurück, doch die Fingerkuppen sehen ölig glänzend aus – als ob sie mit einer fetthaltigen Creme eingerieben worden wären. Handelt es sich aber um Lungenschweiß mit Lungenfetzen, bleibt immer Gewebe auf den Fingerkuppen zurück.

Knochenmark oder Lungengewebe? Die Fingerprobe schafft Klarheit.

SEHNEN

Sobald Gliedmaßen getroffen werden, können am Anschuss Teile von Sehnen liegen. Ist ein solches Sehnenstück von Schweiß benetzt, so wird es erfahrungsgemäß immer wieder fälschlicherweise als Wildbret angesprochen.

So ein Fundstück wird ebenfalls in die Hand genommen. Der Versuch, es auseinanderzureißen, wird misslingen. Der Schweiß darauf lässt sich abwischen und die glatte, glänzende Oberfläche des Sehnenstücks wird sichtbar. Oft ist das Stück an einem Ende ausgefranst oder noch mit einem Wildbretfetzen fest verbunden. Stärke und Länge des Sehnenstücks können ebenfalls zur genaueren Lokalisierung des Treffpunktes hilfreich sein. Die dicksten Sehnen der Gliedmaßen sind die Achillessehnen an den Hinterläufen. Sie wird an Stärke nur von den Nackensehnen übertroffen, die sich an der Oberseite des Trägers befinden. Allerdings wird das Stück bei einem Trägertreffer anders zeich-

TIPP

Wie sich Knochenmark anfühlt und dass es sich rückstandsfrei zwischen den Fingern verreiben lässt, kann jeder Jäger ausprobieren. Ein frischer Röhrenknochen wird einfach mit einem Hammer auf einem festen Untergrund zerschlagen (Schutzbrille tragen!). So erhält man nicht nur das darin enthaltene Knochenmark, sondern auch Knochensplitter vom Röhrenknochen.

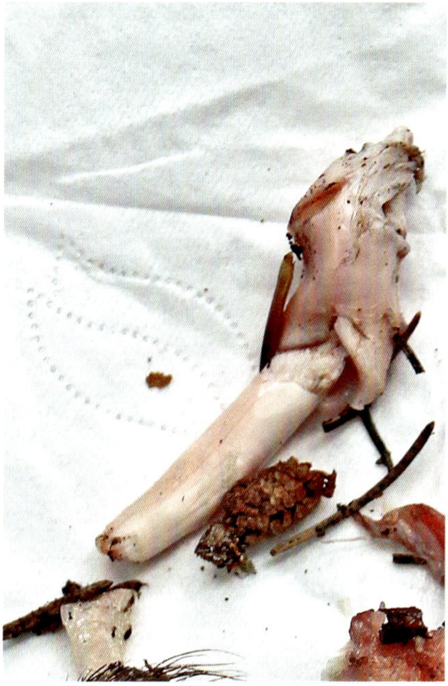

Sehnenstücke – hier von der Achillessehne eines Überläufers – lassen sich nicht wie Wildbretfetzen auseinanderreißen.

Wildbret am Anschuss. Je größer die Wildbretstücke sind, desto stärker ist in der Regel auch der Muskel, dem sie entstammen.

nen als bei einem Hinterlaufschuss. Bei einem Treffer im Bereich des Trägers bricht es meist schlagartig zusammen, bei einem Hinterlaufschuss ist dies eher unwahrscheinlich.

WILDBRET

Wildbret kann an den meisten Anschüssen gefunden werden. In kleinsten Teilchen bis hin zu richtig ausgewachsenen Brocken liegt es oft dort. Da Wildbret zu einem großen Teil aus Wasser besteht, wird es beim Auftreffen des Projektils durch den hydraulischen Druck häufig regelrecht gesprengt. Dabei werden die Teile oft mit so großer Wucht weggeschleudert und schlagen auf feste Gegenstände wie Bäume oder Steine so flach auf, dass es den Anschein hat, es sei Schweiß.

FEINSTE PARTIKEL

Ein sehr großer Teil des durch den Schuss herausgerissenen Wildbrets wird regelrecht atomisiert und ist für das menschliche Auge nicht mehr sichtbar. Nur die wenigen sichtbaren Stückchen werden eventuell gefunden. Auf Grund ihrer relativ geringen Masse wird dann oft auf eine leichte Verletzung geschlossen und eine ordentliche Nachsuche unterlassen. Häufig heißt es dann, „Das Reh hat nicht viel, es kann an der Wunde schlecken“, oder, „Die Sau geht in die nächste Suhle und schmiert sich das Loch zu.“

Feist oder Weißes findet sich nach dem Schuss auf Schwarzwild wesentlich häufiger am Anschuss als nach dem Schuss auf Rehwild, Rotwild oder andere Wiederkäuer.

Diese nicht nachgesuchten Stücke sind wahrlich arme Kreaturen, denn für Fliegenmaden sind sie ein Festmahl und ein qualvoller, langsamer Tod ist den Tieren garantiert.

Je mehr Wildbretstücke gefunden werden und je größer sie sind, umso wahrscheinlicher ist es, dass sie von einem relativ großen Muskel entstammen. Die größten Muskeln befinden sich an den Keulen der Tiere und hier im oberen Bereich. Bei Schwarzwild und bei den Hirschen sitzen am Hals ebenfalls große Muskeln.

FEIST ODER WEISSES

Weißes, Feist oder schlichtweg Fett kann ebenso am Anschuss zu finden sein. Sehr häufig hängen diese Teile noch an Decken oder Schwartenfetzen. Der Jäger muss also auch hier wiederum wissen, an welchen Stellen am Körper der Wildtiere entsprechende Mengen an Fett sein können.

Beim wiederkäuenden Schalenwild findet sich unter der Decke in der Regel sehr wenig bis gar kein Feist. Die größte Ansammlung sitzt ggf. im Bereich der Nieren. Wird ein Stück Schalenwild allerdings in dem Bereich getroffen, so sind häufig noch die Wirbelsäule und die Nieren selbst mit betroffen. Das Stück zeichnet deutlich durch Zusammenbrechen im hinteren Bereich und die Fluchten gehen nicht mehr weit, da so ein Schuss äußerst schmerzhaft ist.

AM SCHWARZWILDANSCHUSS

Ganz anders sieht das mit Weißem am Anschuss beim Schwarzwild aus. Sauen lagern es zu großen Teilen unter der Schwarte ein, bei jedem Schuss kann also auch Weißes gefunden werden.

Mehrere Zentimeter kann die Schicht aus relativ festem Fett im Bereich des Blattes

„Spinat" ist ein eindeutiger Hinweis auf einen Pansentreffer. Auf grünem Untergrund wird er schnell übersehen.

bei älteren Sauen sein. Von ähnlich fester Konsistenz ist das Weiße, welches entlang des gesamten Rückens haftet.
Von wesentlich weicherer Konsistenz ist der Feist, der aus dem Bereich des Bauches und der Hinterläufe stammt.

DURCH PANSEN ODER WEIDSACK

Wird ein Stück Wild im hinteren Bereich des Rumpfes getroffen, so wird dort oftmals der Verdauungstrakt verletzt. Nicht zwangsläufig kann Material aus dem Verdauungstrakt in reiner Form gefunden werden. In den meisten Fällen ist es mit Schweiß vermischt. Hierdurch verändert sich dessen Farbe und der ursprünglich hellrote Schweiß wird dann nicht selten vorschnell und fälschlicherweise als Leberschweiß deklariert.

WEIDSACKSCHÜSSE

Bei Schüssen durch den Weidsack einer Sau können am Anschuss Nahrungsbestandteile von Feld- und Waldfrüchten gefunden werden. Das können ganze Getreide- oder Maiskörner oder zerbissene Teile davon sein. Hat das beschossene Stück reichlich Getreide oder Baumfrüchte wie Eicheln, Bucheckern oder Kastanien im Magen, dann ist dieser körnige Brei relativ hell. Darin vermischt sind dann entweder die Spelzen des Getreides oder Hautteile der Baumfrüchte.

PANSENSCHÜSSE

Schüsse durch den Pansen enden früher oder später tödlich. Nach unseren Erfahrungen waren Stücke mit Pansentreffern eher verendet als solche mit einem Schuss durch das Gescheide. Deshalb sind sie eine Aufgabe für den eingearbeiteten Gebrauchshund nach kurzer Wartezeit.
Liegt eine große Menge Panseninhalt, trefflich von vielen auch als „Spinat" bezeichnet, dann ist das Stück in aller Regel nicht mehr weit geflüchtet und meist schon nach 30 Minuten verendet. Gerade beim Rehwild kann es vorkommen, dass das Stück mit einem Pansenschuss sogar direkt am Anschuss verendet liegen bleibt. Der grüne Nahrungsbrei wird am Anschuss sehr häufig übersehen, da der Schütze nur nach Schweiß – also roter Farbe – sucht. Bei Rotwild liefern reine Pansenschüsse häufig keinen Ausschuss und damit Panseninhalt. Der Pansen ist fast immer mit Nahrungsbrei gefüllt und nimmt einen großen Teil der Geschossenergie auf. Der Projektilrest hat oft nicht mehr genug Energie für einen Ausschuss. Hier finden

sich dann häufig nur wenige Schnitthaare am Anschuss. In der Brunft allerdings ist der Pansen von Hirschen, die sich aktiv am Brunftgeschehen beteiligen, nicht prall gefüllt. Oft findet sich darin nur ein wässeriger, dunkler Nahrungsbrei in geringer Menge.

FINGER- UND GERUCHSPROBE BEI „DUNKLEM SCHWEISS"

Wird „dunkler Schweiß" am Anschuss gefunden, dann wird zuerst mittels Fingerprobe nach eventuellen Bestandteilen darin geforscht. Je gröber diese Bestandteile sind, desto weniger lange waren sie folglich im Verdauungstrakt: Sie stammen demnach aus dem Pansen des Wiederkäuers oder dem Weidsack der Sau.
Findet sich in dem oft dunkelbraunen Schweißgemisch nichts Festes mehr, dann muss unser Geruchssinn herhalten. Magen- und Darminhalt bei den Sauen riecht sauer, Ersterer noch saurer als Letzterer. Der Geruch des Panseninhalts der Wiederkäuer erinnert eher an Silage.

SINNESTRAINING

Um unsere Sinne üben, empfiehlt es sich, in regelmäßigen Abständen an frisch erlegtem Wild sämtliche Innereien zu betrachten, zu betasten und zu beriechen. Auch die Magen- und Darminhalte riechen sehr markant. Das am Anschuss gefundene Material ist so viel leichter zuzuordnen.

WEICHSCHÜSSE

Schüsse durch das kleine Gescheide, also die Därme, können vor allem bei Schwarzwild auch Teile des Netzes zu Tage fördern. Leicht ist es mit normalem Fett zu verwechseln – und schon wird auf einen Streifschuss geschlossen.

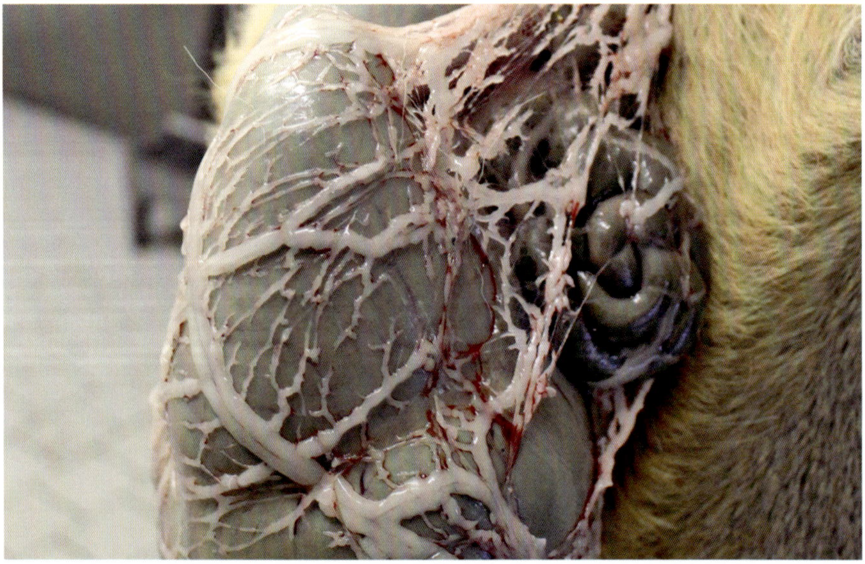

Finden sich Teile des Netzes am Anschuss, ist das ein Indiz für einen Weichschuss.

Bei Schüssen durch das kleine Gescheide verstopft der Ausschuss meist nach wenigen Metern Flucht. Manchmal zieht schon der Sog des austretenden Projektils eine Darmschlinge heraus, die den Ausschuss sofort verschließt. So ist dann im Verlauf der Fährte nicht einmal mehr ein Tropfen Schweiß zu finden. Manchmal kommt es aber auch vor, dass Teile des Netzes oder gar Teile des kleinen Gescheides am Anschuss liegen. Im Verlauf der Flucht werden dann die im Ausschuss steckenden Gescheide- und Netzteile durch Brombeeren oder Reisigäste herausgezogen.

ÄSER- UND GEBRECH-SCHÜSSE

Keinem Jäger gefällt es, wenn er am Anschuss statt dem ersehnten Stück Wild nur Zähne oder Zahnteile findet. Meist ist die Ursache hierfür der versuchte Kunstschuss. Noch mal: Bewusste Kopf- und Trägerschüsse sind strikt abzulehnen!
Ist aber das Unglück, warum auch immer, geschehen, so liegen meist Zahnfragmente am Anschuss. Häufig werden sie als Knochensplitter gedeutet. Außerdem wird bei solchen Schüssen oft auch heller Schweiß gefunden, teilweise mit Speichel vermengt, der dann frischem Lungenschweiß ähnelt. Vermeintliche „Knochensplitter“ und „Lungenschweiß“ lassen den Jäger also an eine sichere Totsuche glauben, die von einem normalen Jagdgebrauchshund bewältigt werden kann. Genau das Gegenteil ist der Fall! Und ist das Stück erst einmal aufgemüdet, wird es fast nicht mehr zu bekommen sein – auch nicht mit dem allerbesten Gespann.

Deshalb ist es wichtig, die gefundenen Zahnfragmente oder ganzen Zähne als solche zu erkennen und ihre Herkunft zu bestimmen. Nicht unerheblich ist es nämlich, ob es sich um Schneidezähne, Vorbacken- oder Backenzähne handelt.

ZAHNBESTIMMUNG IST WICHTIG

Bei allen Wildarten ist der Kopf mehr oder weniger trichterförmig. Beim Fund von Schneidezähnen sitzt der Schuss also mit großer Wahrscheinlichkeit weit vorn an Äser oder Gebrech. Also ist die Verletzung zumindest von der Ausdehnung her relativ klein.
Werden jedoch Prämolaren oder gar Molaren gefunden, sitzt die Kugel etwas weiter hinten und die Verletzung ist ausgedehnter. Hier können noch der Lecker und die Kieferknochen mit verletzt sein, sodass die deutlich größere Wunde auch eine größere Entzündung , das sogenannte Wundfieber, hervorrufen kann. Häufig wird bei solchen Schüssen auch ein Stück des Leckers gefun-

Zähne am Anschuss verheißen nichts Gutes: Eine kompliziertere Nachsuche mit offenem Ausgang steht an.

den. Dessen Oberfläche ist unverwechselbar mit vielen Papillen bewachsen. Ist das Leckerstück von Schweiß bedeckt, wird es gern mit Wildbret verwechselt.
Je weiter hinten der Schuss also sitzt, desto größer kann die Verletzung und auch stärker die Blutung sein. Bei starker Blutung atmet das Tier vielleicht Blut ein, was zu einer Störung der Lunge führt. Das Stück ist also schneller und stärker beeinträchtigt.

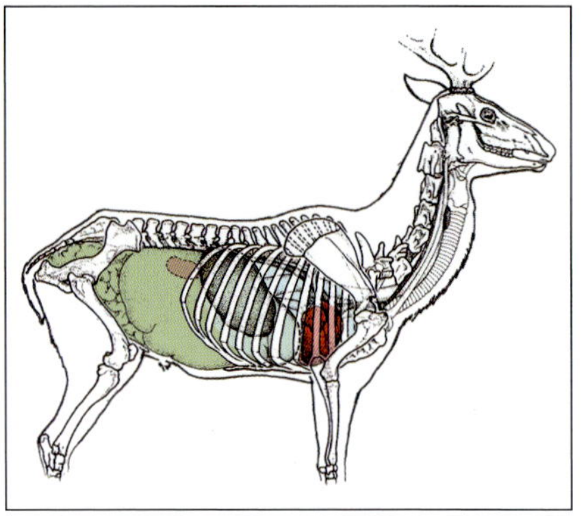

Wiederkäuendes Schalenwild (hier Rothirsch) im Querschnitt

INNERE ORGANTEILE

Mit einem Schuss durch das Herz kann ein Stück Wild immer noch eine Fluchtstrecke von unter Umständen bis zu 200 Metern zurücklegen. Solche Anschüsse werden in der Regel von den Jägern jedoch gar nicht untersucht, da das Stück meist in Sichtweite verendet. Häufig liegen am Anschuss jedoch neben einer relativ großen Menge an Schweiß auch kleine Stücke vom Herzen.

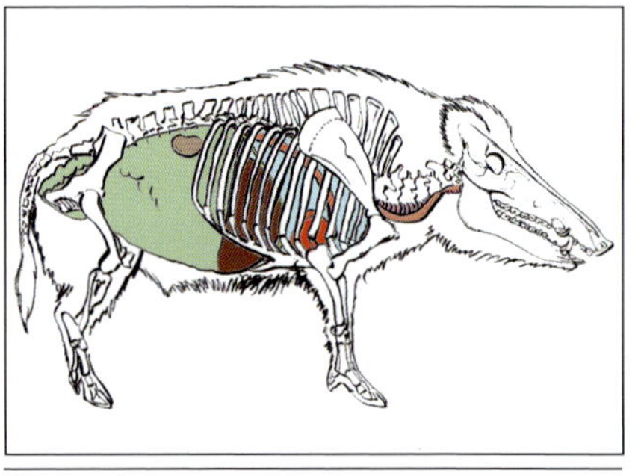

Schwarzwild im Querschnitt

LUNGE

Ist die Lunge getroffen, so werden in den meisten Fällen beim Ausschuss Stücke davon durch das Projektil selbst oder dessen Sog mit nach draußen befördert. Das schwammige Gewebe sollte nicht nur durch Augenschein angesprochen werden. Viel zu häufig wird es, wie schon beschrieben, mit schweißvermischtem Knochenmark oder Speichel verwechselt. Nochmals sei die Fingerprobe erwähnt, bei der beim Zerreiben Rückstände des Lungengewebes zwischen den Fingern bleiben.
Selbst bei Lungentreffern können Knochensplitter – Rippen- oder Blattschaufelfragmente – gefunden werden. Auch hier lohnt das Selbststudium.

LEBER ODER MILZ?

Mögliche weitere Fundstücke am Tatort können Stücke der Leber oder der Milz sein. Vielmals wird noch behauptet, dass das einerlei sei, da beide Schüsse für das Stück tödlich enden. Das stimmt, letztendlich werden beide Verletzungen zum Tod führen. Allerdings mit unterschiedlicher Dauer.
Hier muss wieder zwischen wiederkäuenden Schalenwildarten und Sauen unterschieden werden. So wird die Leber bei Hirsch oder Reh aus mehr oder weniger einem Lappen gebildet, Saulebern hingegen bestehen aus mehreren unterschiedlich

großen Lappen. Nicht selten kommt es vor, vorrangig bei Schwarzwildanschüssen, dass das Milzstück mit einem Leberstück verwechselt wird.
Beide Organe bestehen zwar aus dunkelrotem, griesigem Material, jedoch ist das der Milz von festerer Körnung und enthält meist noch etwas hellere Partikel. Wenn man das zuvor aber nie in den Fingern gehalten und genau angeschaut hat und nur ein Fund vorhanden ist, wird häufig auf das größere Organ, die Leber, geschlossen. Das „Leber oder Milz" ist aber wichtig: Ein Säugetier z. B. kann ganz gut ohne Milz leben, ohne Leber allerdings nicht.

LEBERSCHUSS

Handelt es sich am Anschuss eines Wiederkäuers tatsächlich um ein Stück der Leber, so kann nach angemessener Zeit von zwei bis vier Stunden mit der Totsuche begonnen werden. Wird bei einer Sau die Leber nur am Rand getroffen, sodass nur einer der Lappen verletzt ist, so wird es häufig eine langwierige und schwierige Suche mit anschließender Hatz geben. Selbst am nächsten Tag kann die Sau noch lebendig und sehr mobil sein.

TIPP

Viele Jäger untersuchen den Anschuss nicht mehr, sobald das beschossene Stück Wild in Sichtweite verendet ist. Aber gerade dann bietet sich ausreichend Zeit und Gelegenheit, um sich am Anschuss ohne Nervosität „fit zu machen". Der Schütze weiß bald, wo das Stück den Schuss hat, und kann nun gut nachhalten, welche Pirschzeichen er am Anschuss vorfindet.

MILZSCHUSS

Reine Milzschüsse kommen fast nur bei Sauen vor, da deren Milz relativ groß ist und am unteren Rand des Weidsacks im Bauchraum liegt. Da das ganze Gewicht der Organe Druck auf die Milz ausübt, wird deren Blutung oft gestoppt, vor allem bei einer Verschiebung des Schusskanals und das Tier kann noch mehrere Wochen überleben.
Bei den Wiederkäuern ist die Milz verhältnismäßig klein und liegt flach am Pansen an. Wird sie durch einen Schuss verletzt, ist in aller Regel auch der Pansen verletzt und das Tier verendet recht schnell.

Bein angemessener Wartezeit werden Leberschüsse bei Wiederkäuern zumeist Totsuchen.

Reine Milztreffer kommen fast nur bei Schwarzwild vor.

SCHWEISS

Schweiß ist das von nahezu allen Jägern zuerst am Anschuss gesuchte Pirschzeichen. Dieses Buch soll dazu beitragen, vor allem andere Pirschzeichen zu suchen. Schweiß am Anschuss (ver)führt häufig dazu, „schnell mal" mit dem eigenen Hund „nachzusuchen", der oft der Situation nicht gewachsen ist oder das Stück zu früh aufmüdet. Gleichwohl hat aber auch Schweiß am Anschuss oder in der Fährte Aussagekraft.

Da jeder Jäger Schweiß finden will und bei Erfolg dann davon ausgeht, gut abgekommen zu sein, werden hier sehr viele und für eine erfolgreiche Nachsuche oft entscheidende Fehler begangen. Der gefundene Schweiß wird hinsichtlich verschiedener Punkte falsch angesprochen. Hat der Schütze die Wartezeit von mindestens 15 Minuten eingehalten, findet er den Schweiß noch frisch vor. Der leuchtet ihm geradezu entgegen. Im Willen, in den Besitz des beschossenen Stücks zu gelangen, folgt er einer gut sichtbaren Schweißfährte im Regelfall so lange, bis er nichts mehr findet, auch nicht das Stück.

GRUNDSÄTZLICHES

Grundsätzlich sollte man einiges über den gesamten Organismus Wildtier und auch den Blutkreislauf wissen. Das Blut der Säugetiere fließt in einem „Röhrensystem" aus Adern durch den Körper. In den Arterien wird sauerstoffreiches und deshalb helleres Blut, in den Venen sauerstoffarmes, dunkleres Blut transportiert. Da die Adern verschiedene Durchmesser haben, ist nicht an jeder Körperstelle gleich viel Blut. Wird von der Kugel ein relativ großes Blutgefäß verletzt, ist naturgemäß der Blutverlust größer.

Finde „Schweiß um jeden Preis" lautet die falsche Devise der meisten Jäger.

GEHEMMTER SCHWEISS-AUSTRITT

Das heißt aber nicht, dass zwangsläufig mehr Schweiß aus dem Körper austritt. Liegt die zerstörte Ader in einem großen Muskel, dann kann eine große Menge Blut dort eingelagert werden, als sogenannter Bluterguss. Das geschieht immer mehr oder weniger, weil die Druckwelle des Projektils große innere Verletzungen bewirkt und gerade dann in großen Muskeln große Oberflächen schafft.

Bestimmte Mechanismen sorgen außerdem dafür, dass ein Körper nicht innerhalb kurzer Zeit ausblutet. Zum einen ist dies das komplexe System der Blutgerinnung, das Wunden innerhalb kurzer Zeit verschließt. Zum anderen „rollen" sich vor allem größere Blutgefäße bei Eintreten eines Schocks bei einer Verletzung förmlich ein und verschließen somit die Aderenden.

Zu guter Letzt besteht noch die Möglichkeit, dass die Schusswunde durch Feist oder Darmschlingen verstopft wird oder ein Stück die Wunde beleckt und sie mit Muskelhäuten (Faszien) und Speichel verschließt. Das kann auch bei reinen Lungenschüssen vorkommen.

SCHWEISSMENGE

Ein Säugetier kann bis zu 40% seiner Blutmenge verlieren, bevor ein solcher Verlust lebensbedrohlich wird. Pro Kilogramm Lebendgewicht besitzt es etwa 60 bis 80 Milliliter Blut.

Der überwiegende Teil des erlegten Schalenwildes sind Rehe und Schwarzwild, ein Großteil unter Letzterem wiederum Frischlinge. Für ausgewachsene Rehe und Frischlinge kann man von 20 bis 30 Kilogramm Lebendgewicht ausgehen. Damit führt der Großteil der beschossenen Tiere

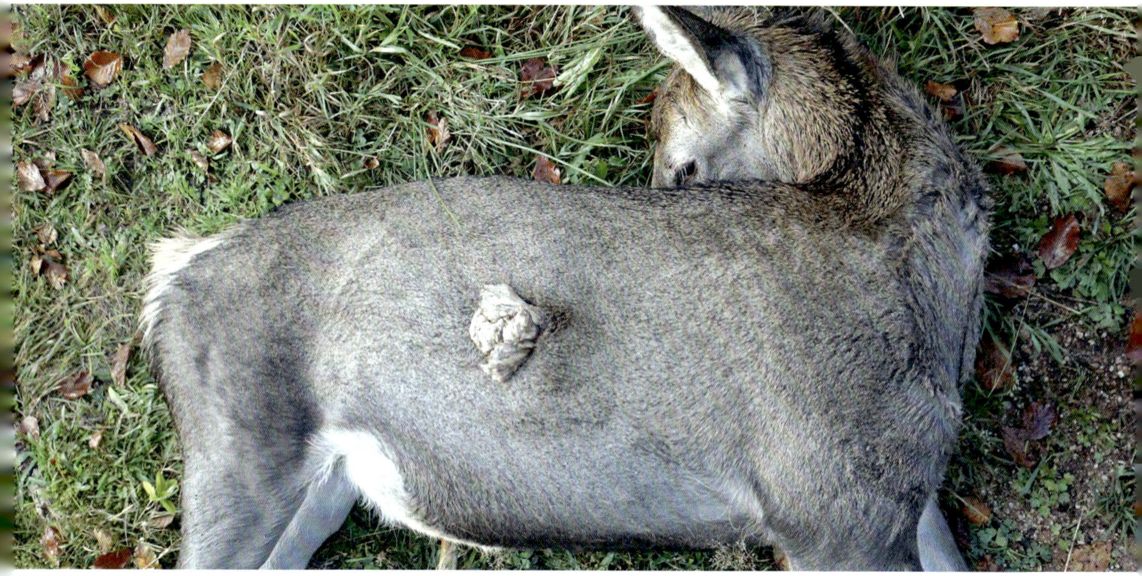

Hier schweißt nichts, denn der Ausschuss ist von Gescheideteilen verschlossen.

Eintrocknender Schweiß wird dunkler und blättert oft ab.

etwa zwei bis zweieinhalb Liter Blut in sich und kann einen Blutverlust bis zu einem Dreiviertelliter noch verkraften, bevor der Tod eintritt. Nun stelle sich jeder einmal vor, eine wie lange sichtbare Schweißfährte mit 0,75 Litern Schweiß produziert werden kann.

Die gefundene Schweißmenge sagt letztendlich noch nicht viel über die tatsächliche Verwundung aus. So kann es vorkommen, dass ein Stück mit einem hohen Kammerschuss am Anschuss wenig Schweiß liefert, da sich erst die Kammer über die verletzte Lunge mit Blut füllen muss, bevor etwas nach außen dringt. Andererseits schweißen gerade Lauf- und Äserschüsse am Anfang stark, um nach einigen hundert Metern fast keinen Schweiß mehr zu bringen.

SCHWEISS UND INTERPRETATION

Schweiß ohne weitere Bestandteile, also reines Blut, kann hell oder dunkel sein. Im frischen Zustand verursacht die Sauerstoffsättigung eine hellere Färbung:

- heller Schweiß = arterieller Schweiß = gut sauerstoffversorgt
- dunkler Schweiß = venöser Schweiß = schwach sauerstoffversorgt

Im eingetrockneten Zustand ist jeder Schweiß entsprechend dunkler.

SCHWEISS UND FARBE ALLEIN SAGEN WENIG

Darüber hinaus sagt die Farbe des Schweißes allein zunächst einmal nichts aus. Mit der fälschlichen Bezeichnung „Wild-

Durch Tau verwässerter Schweißtropfen

bretschweiß“ wird in der Regel auf eine reine Muskelverletzung geschlossen und die Schwere der Verletzung herabgespielt. Eine Lokalisierung des Treffersitzes anhand des Schweißes ist also nur grob möglich (s. u.). Blut bzw. Schweiß bedeuten zunächst vor allem, dass das Tier verletzt ist. Grundsätzlich muss gefundener Schweiß also genauer untersucht werden. Erst Beimengungen wie Organmaterial, Nahrungs- oder Verdauungsbestandteile, Speichel oder Knochenmark ermöglichen eine genauere Bestimmung des Treffersitzes.

SCHWEISS BEID- ODER EINSEITIG

Sind Schweißtropfen auf beiden Seiten der Fluchtfährte in deren Verlauf zu finden, kann von einem Durchschuss ausgegangen werden. Werden Schweißtropfen dagegen nur auf einer Seite der Fährte festgestellt, kann es sich bei der Verletzung um einen Steckschuss, einen nur einseitig blutenden Durchschuss oder auch eine einseitige Verletzung, die meist einen der Läufe betrifft, handeln.

TIPP

Mehr oder weniger genau in der Mitte der Fährte streifen sich in aller Regel nur heraushängende Gescheideteile oder ein ausgesprochen stark herabhängendes Gebrech ab. Seitliche Abstreifungen sind häufig bei Weichschüssen, aber auch bei Laufschüssen zu beobachten.

Abgestreifter Schweiß gestattet – nur näherungsweise – eine Abschätzung der Trefferhöhe.

Bei Gebrech- und Äserschüssen wird nur selten Schweiß abgestreift. Kommen so verletzte Stücke nicht zur Strecke, überleben sie selten. Ausnahmen bestätigen die Regel – diese altkranke Bache führt sogar.

GETROPFT, ABGESTREIFT ODER GESPRITZT?

Zumeist ist der Schweiß in der Fährte getropft. Aber auch abgestreift oder herausgespritzt kann er gefunden werden. Hier können weitere Indizien, zusammen mit dem Schweißbild, die Lokalisierung des Treffers ermöglichen. Ein verletztes Blutgefäß kann z. B. den Schweiß fein verstäuben; feinste Spritzer entstehen auch bei einem Gebrech- oder Äserschuss, weil der Atem des Wildes den Schweiß zerstäubt.

Die Form der Schweißtropfen zeigt: Das Stück ist nach rechts geflüchtet.

Anhand abgestreiften Schweißes können die Höhe, aber nur näherungsweise die Art der Verletzung abgeleitet werden. Bei der Interpretation der Höhe ist darauf zu achten, ob die Vegetation nicht beim Überlaufen umgebogen wurde und sich danach wieder aufgestellt hat. In diesem Fall passt die Höhe des Schweißes nicht zur Verletzung. Also darf nicht sofort vom ersten Pirschzeichen auf einen bestimmten Treffer geschlossen werden. Vielmehr ergeben die einzelnen Bausteine das gesamte Bild.

GEBRECH-, ÄSER- UND KRELLSCHÜSSE

Äußerst selten streift Wild mit Äser- und Gebrechschüssen Schweiß ab, da die überaus schmerzhafte Wunde vor jeglichem Kontakt geschützt wird. Ebenso selten ist abgestreifter Schweiß bei Krellschüssen zu finden. Die oberste Rückenlinie berührt nur ausgesprochen selten irgendwelche Hindernisse.
Häufiger als irgendwelche Abstreifungen ist bei einem Krellschuss der eine oder andere Tropfen Schweiß zu finden, wenn der Schweiß von der Wunde durch die Decke nach unten läuft. Da die Decke aber verhältnismäßig viel Schweiß aufnehmen kann, sind solche Tropfen eher selten.

SCHWEISS UND FLUCHTRICHTUNG

Anhand der Form vorgefundener Schweißtropfen kann oft die Fluchtrichtung des verletzten Tieres bestimmt werden. Beim Auftreffen des Schweißtropfens an der Erde oder an Vegetation wird ein kleiner Teil davon infolge der horizontalen Bewegung davongeschleudert. Diese Fahne zeigt in die Fluchtrichtung des Tieres.

IM ÜBERBLICK: ZEICHNEN, FLUCHT, PIRSCHZEICHEN UND

TREFFER	ZEICHNEN	FLUCHTVERHALTEN
Kammer	Bei Hochblatttreffer Zusammenbrechen, sonst von deutlichem Aufsteigen bis unmerklichem Rucken	Meist rasende Flucht mit gesenktem Haupt
Leber/Milz	Oft deutliches Rucken des Wildes, aber auch kein erkennbares Zeichnen	wie vor
Pansen/ Magen	Häufig deutliches Rucken des Wildes – aber auch ohne Zeichnen, fallweise Ausschlagen der Hinterläufe	Flucht wird langsamer, das Wild krümmt sich
Gescheide	Oft deutliches Rucken des Wildes, aber auch kein erkennbares Zeichnen, gelegentlich Ausschlagen der Hinterläufe	wie vor
Vorderlauf	Meist deutliches Zeichnen, Aufsteigen, Hochspringen	Meist rasende Flucht, oft schlenkernder Lauf zu erkennen
Hinterlauf/ Keule	Meist deutliches Zeichnen, wenn Knochen getroffen; z. T. Drehen auf der Stelle	Meist rasende Flucht, oft Schonen eines Hinterlaufs zu erkennen
Krell	Schlagartiges Zusammenbrechen	Kurzes Schlegeln oder Kreisen am Boden, taumelndes Wegziehen, rasch sicherer werdend
Äser	Von schlagartigem Zusammenbrechen bis unmerklichem Rucken	Rasende Flucht, oft Stehenbleiben und Hauptschütteln

KONSEQUENZEN

PIRSCHZEICHEN	MINDEST-WARTEZEIT	SCHWIERIGKEIT A=leicht F= sehr schwer	BESONDERHEIT
Schweiß meist blasig, z. T. mit Lungenteilchen	15–60 min.	A–B	Bei sozial lebenden Tieren können die gesunden Stücke den Hund stark beeinträchtigen
Leberstücke oder dunkelbrauner, cremiger Schweiß mit Leberanteil; Milzstück, grießiger Schweiß	Reh 1 Std., anderes Wild 2 Std., Sau 4 Std.	C–D E–F	Auf Schwarzwild oft langwierige Suchen, anderes Schalenwild meist leicht zu finden
Dunkler, „schmutziger" Schweiß mit Mageninhalt vermischt; Panseninhalt (Pflanzenteile, Mais) erkennbar	Reh 1 Std., anderes Wild 4 Std.	B–C	Bei Rehen kurze Flucht, Hochwild in aller Regel etwa 300 Meter
Dunkler Schweiß vermischt mit Verdauungsbestandteilen	4 Std.	D–E	Häufig langwierige Suchen, Wild lebt oft noch viele Stunden
Röhrenknochen, kurze Haare/Borsten, Wildbret je nach Höhe des Schusses	4–6 Stunden	E–F	Je tiefer, umso schwieriger, in aller Regel Hatz; Rehwild stellt sich nicht
Röhrenknochen, Haare/Borsten, je nach Höhe des Schusses relativ viel Wildbret	4–6 Stunden	C–E	Je tiefer umso schwieriger, in aller Regel Hatz, bei starken Sauen oft sehr langwierig
Lange Schnitthaare/Borsten, Wildbret und Schweiß; selten Knochen/Knorpel	4–6 Stunden	F	Extrem schwer, Hatz sehr wahrscheinlich
Knochensplitter vom Kiefer, Zahnfragmente, Lippen-, Zungen- und ggf. Zahnnerventeile. Kaum Wildbret und Haare/Borsten	4–6 Stunden	F	Schweiß in der Fährte lässt schnell nach; Vorstehschützen gewähren am ehesten Erfolg

KRANKES WILD UND FÄHRTENARBEIT

VERHALTEN KRANKEN SCHALENWILDES

Krankes Wild zeigt bestimmte Verhaltensmuster, die zu kennen die „Arbeit auf der Roten Fährte" erleichtern. Manche Regeln gelten grundsätzlich für alles Schalenwild, andere sind eher wildartspezifisch. Und wieder andere sind – trotz langjähriger Überlieferung von Jägergeneration zu Jägergeneration schlichtweg falsch.

ALLGEMEINE GRUNDSÄTZE

Sozial lebende Wildtiere und alle Jungtiere versuchen, so lange wie möglich den Anschluss an ihren Sozialverband zu halten. Erst wenn die Kraftanstrengungen oder Schmerzen für ein verletztes Stück Wild zu groß werden, sondert sich das Individuum vom Rudel oder der Rotte ab. Diesen „Absprung" zu finden, ist bei der Nachsuche eine sehr große Herausforderung und Hürde für den Hund. Sie bestehen nur die absolut fährtensicheren Vertreter ihrer Zunft mit entsprechender Einarbeitung.

Häufig kommt es aber vor, dass das verwundete Wildtier seinen Artgenossen bis in den Tageseinstand folgt und dort dann im Wundbett liegt. Besonders stark ausgeprägt ist dieses Anschlusshalten bei Frischlingen, die ohne ihre Bache verloren sind. Noch stärker ist diese Bindung bei Rotwild zu beobachten. Ein verletztes Kalb folgt seiner Mutter so lange wie möglich. Kann es dem Rudel nicht mehr folgen, bleibt das Alttier bei seinem Kalb zurück.

EINSTAND FÜRS WUNDBETT

Wie weit verletztes Wild flüchtet, bis es ins Wundbett geht, hängt von vielen Faktoren ab. Neben der Art der Verletzung beeinflusst auch die Tageszeit das Fluchtverhalten. Im Schutz der Nacht sucht das Tier den besten, vertrautesten Einstand auf, während ein am Morgen beschossenes Tier eher die am nächsten gelegene Deckung

Die Bindung zwischen Alttier und Kalb ist stark. Kann ein verletztes Kalb der Mutter nicht mehr folgen, bleibt das Alttier zurück.

aufsucht. In Revieren, in denen wir schon seit Jahren zur Nachsuche gerufen werden, konnten wir im Laufe der Zeit feststellen, dass bestimmte Einstände bevorzugt werden. Wir bezeichnen solche favorisierten Orte auch gerne als „Krankenstube". Offensichtlich fühlen sich verletzte Tiere auf Grund der gesamten Situation, wie Kleinklima und Ruhe, dort besonders wohl.

FÄHRTENWIRRWARR MIT BEDACHT

Bevor ein Tier sich in einem Wundbett niederlegt, geht es einige Mal scheinbar planlos auf und ab. Dieses Verhalten ist allerdings alles andere als planlos, sondern ein Teil der Strategie: Einerseits wird die Windrichtung analysiert, damit das Wild den nahenden Verfolger möglichst frühzeitig wittern kann. Andererseits bereiten solche Wiedergänge einem Verfolger enorme Schwierigkeiten beim Folgen der Fährte. Dass der solche „Knoten" mühsam ausarbeiten muss, verschafft dem verletzten Tier Zeit, sich wieder davonzustehlen. Nehmen Haken und Widergänge auf der Wundfährte zu, ist in aller Regel ein Wundbett nicht mehr weit.

LEGENDEN

„KRANKES WILD SUCHT WASSER ...?!"

Einer verbreiteten Meinung zufolge sollen verletzte und kranke Wildtiere Wasser aufsuchen oder sich gar hineinlegen. In der Hoffnung, ein beschossenes Tier zu finden, laufen daher Jäger oft ohne geeigneten Hund Bäche und Suhlen ab. Nicht selten

Dass krankes Wild sein Wundbett bevorzugt am Wasser sucht, ist eine Mär. Vielmehr werden sonnige, also warme Orte gewählt.

hören auch wir: „Da hinten ist Wasser, dahin wird sich das Tier sicher zurückziehen." Einige im Wasser gefundene Stücke sorgen dafür, dass sich dieses Märchen weiter hartnäckig hält. Warum ein schwer krankes oder verendetes Tier mitunter auch im Wasser gefunden werden kann, ist leicht zu erklären. Ein verletztes Tier kann bei zunehmender Schwächung nicht mehr hangaufwärts ziehen. Um weiter Distanz zwischen sich und den Verfolger zu bringen, bleibt nur die Flucht hangabwärts. Am tiefsten Punkt angelangt, fehlt oft die Kraft, um im Gegenhang erneut anzusteigen. So nimmt das Stück unten im Tal ein Wundbett an oder verendet dort sogar. Dass an tiefer gelegenen Geländeeinschnitten häufig Wasser fließt, liegt in der Natur der Sache, hat aber mit dem Fluchtverhalten in aller Regel nichts zu tun.

„SONNIGE ZIMMER MIT AUSSICHT"

In unserer langjährigen Nachsuchenpraxis haben wir die Beobachtung gemacht, dass Wild bevorzugt sonnige, windstille Orte mit Überblick für sein Wundbett aussucht, wenn es dazu noch in der Lage ist. Zu erklären ist dies unter anderem mit dem Wundfieber. Bei dessen Einsetzen beginnt der Körper zu frieren, sodass angeschweißtes Wild eher warme Orte im Gelände aufsucht. Stellen Sie sich vor, Sie müssten mit Fieber in den feuchten, kalten Keller oder hätten als Alternative die Couch vor dem Ofen. Übersichtlichkeit am Ort des Wundbetts entspricht dem Bedürfnis des Wildes, Verfolger frühzeitig wahrzunehmen und gegebenenfalls die Flucht antreten zu können. Aus diesem Grund bezeichnen wir die bevorzugten Orte für Wundbetten gerne als „Sonnige Zimmer mit Aussicht".

„KRANKES WILD GEHT BERGAB ...?!"

Eine weitere überlieferte Lehrmeinung besagt, dass verwundete Tiere ausschließlich bergab flüchten. Auch dafür liefern weder unsere langjährige Nachsuchenpraxis irgendwelche Hinweise, noch konnte diese These durch GPS-gestützte Untersuchungen (Mades 2012) belegt werden. Wohin die Tiere flüchten, liegt vielmehr an den örtlichen Gegebenheiten wie etwa der Nähe des nächsten Einstands oder dem Verlauf des Hauptwechsels. Zwei tendenzielle Beobachtungen können jedoch bestätigt werden.

1. Tiere mit verletzten Vorderläufen flüchten eher bergauf als bergab.
2. Tiere mit Hinterlaufverletzungen flüchten eher bergab als bergauf.

Diese Beobachtungen lassen sich auch ganz einfach physiognomisch erklären. Ist ein Vorderlauf verletzt, wird der gesunde Vorderlauf extrem belastet, wenn das Tier bergab geht. Ein Großteil des Gewichts liegt dann auf ihm. Bei einem starken

Selbst oder gerade mit einem Vorderlaufschuss werden steilste Anstiege bezwungen ...

Stück Wild ist dies ausgeprägter als bei einem schwachen Stück.
Umgekehrt verhält es sich, wenn ein Hinterlauf verletzt ist und das Stück bergauf ziehen möchte. In diesem Fall muss fast der gesamte „Schub" von dem gesunden Hinterlauf geliefert werden. Daher versuchen so verletzte Tiere tendenziell, Anstiege zu vermeiden. Dass das Tier trotzdem bergauf flüchtet, lässt sich aber auch hier nicht grundsätzlich ausschließen.Nachfolgend wollen wir die Besonderheiten der einzelnen Wildarten näher betrachten. Doch es sei gleich vorweggesagt: Wie überall, bestätigen auch hier Ausnahmen die Regel!

REHWILD

Rehwild kommt in nahezu allen Revieren vor und ist dort die Hauptschalenwildart. Allein in Deutschland beträgt die Jagdstrecke etwa 1,2 Millionen Rehe jährlich. Als leichtestes und kleinstes Schalenwild lebt das Reh in relativ kleinen Territorien. Je nach Struktur und Äsung sind diese zwischen wenigen und über 100 Hektar groß.

BALD INS WUNDBETT

Dementsprechend stellt sich auch das Feindvermeidungsverhalten dieser Wildart dar. Rehe bleiben so lange wie möglich im eigenen „Wohnzimmer". Aus diesem Grund sucht auch ein verletztes Reh, wenn es nicht gestört wird, nach kurzer Strecke ein Wundbett auf. Meist liegt das Tier schon nach 200 bis 300 Meter Wundfährte in seinem Versteck. Aus diesem Grund ist gerade beim Rehwild ein ungeduldiges Vorsuchen des Jägers besonders hinderlich für die Erfolgsaussichten der Nachsuche.

REHWILDNACHSUCHEN SIND ANSPRUCHSVOLL!

Die Schwierigkeiten von Rehwildnachsuchen werden sehr häufig unterschätzt. Entgegen der landläufigen Meinung sind wir der Ansicht, dass Rehwildnachsuchen zu den anspruchsvollsten Nachsuchenarbeiten überhaupt gehören.
Das liegt zum einen an der Anatomie der Tiere, die mit 12 bis 25 Kilogramm Körpergewicht die geringsten Bodenverwundungen verursachen.
Zum anderen ist das Fluchtverhalten der Rehe sehr speziell und am ehesten mit dem Motto „Verwirrung stiften" zu beschreiben. Das Rehwild bleibt auch bei Verfolgung so lange wie möglich in seinem Territorium und baut durch Wiedergänge und Absprünge ständig Höchstschwierigkeiten in die Fährte ein. In eine Streckenflucht geht es erst in höchster Bedrängnis über,

Hilft alles Sich-Drücken nicht mehr, flüchtet Rehwild. Dem Hund stellt es sich nie.

wenn es den Verfolger nicht abschütteln kann und wenig Deckung vorhanden ist. Während sich anderes in Mitteleuropa vorkommendes Schalenwild früher oder später dem Hund stellt, sucht das Reh sein Heil immer in der Flucht, wenn seine Versteckspieltaktik als „Drücker und Schlüpfer“ keinen Erfolg mehr verspricht.

GAMSWILD

Bei einer jährlichen Jagdstrecke von rund 5 000 Stück in Deutschland und rund 50 000 Stück in Mitteleuropa ist das Gamswild keine alltägliche Begegnung für die meisten Jäger und Schweißhundeführer. Nachsuchen auf Gamswild zählen auf Grund seines besonderen Lebensraums und seiner Verhaltensweisen zu den gefährlichsten Arbeiten für Schweißhunde. Solange eine verletzte Gams dazu noch in der Lage ist, sucht sie eine steile Felswand mit schmalen Trittbändern, um sich dort nieder zu tun. Wagt sich der geschnallte Schweißhund hinterher, wirft die Gams den Verfolger aus der Wand – trauriges Schicksal vieler passionierter Schweißhunde in Regionen mit Gamsvorkommen. Erreicht die verletzte Gams keinen sicheren Felsen mehr, stellt sie sich mutig dem Hund. In starker Bedrängnis wehrt sie ihn mit ihren extrem spitzen Krucken ab und verletzt ihn dabei oft schwer.

SCHWARZWILD

Nachsuchen auf diese wehrhafte, weit verbreitete Wildart sind das Hauptarbeitsgebiet der meisten Schweißhundeführer. Schwarzwild wird oft mit hoher Risikobe-

Im Bewusstsein seiner körperlichen Möglichkeiten stellt sich das wehrhafte Schwarzwild vergleichsweise schnell, wenn es vom Hund bedrängt wird.

Milztreffer kann Schwarzwild lange überleben.

reitschaft beschossen. Schüsse bei schlechten Lichtverhältnissen wegen der hauptsächlichen Nachtaktivität des Schwarzwildes und auch Schüsse auf hochflüchtige Tiere bei Bewegungsjagden sind keine Seltenheit. Zudem ist das Schwarzwild relativ „schusshart" und legt trotz schweren Verletzungen oft erhebliche Fluchtstrecken zurück.

In Bedrängnis stellt sich Schwarzwild sehr schnell dem Hund und wehrt ihn ab. Die Wundkessel des Schwarzwildes liegen meist in dichtem Bewuchs, sodass die Situation für Hund und Hundeführer oft unübersichtlich ist. Schutzwesten für die Hunde sind daher ein Muss.

AUSSCHUSS

Oftmals werden beim Schwarzwild hinter dem Zwerchfell liegende Ausschüsse von Weißem oder Teilen des Netzes verschlossen. Die Schwarzwildschwarte ist dicker und härter als die Decken der anderen Schalenwildarten, sodass Ausschüsse eher klein bleiben. Oft schon bei geringeren Sauen reicht die Energie des Geschossrests nicht mehr aus, um die Schwarte ein zweites Mal zu durchschlagen, und das Projektil bleibt zwischen Wildkörper und Schwarte stecken.

MILZ- UND LEBERRANDSCHÜSSE

Eine Besonderheit bei Schwarzwild sind Milzschüsse und teilweise auch Leberrandschüsse. Ist bei diesen Treffern der Verdauungstrakt nicht in Mitleidenschaft gezogen, können Sauen mit solchen Schüssen einige Tage überleben, manchmal die Verletzung sogar ausheilen. Tückischerweise liegt bei diesen Treffern sehr viel Schweiß oder gar ein Stück Milz oder Leber am Anfang der Fährte, was eine Totsuche vermuten lässt. Häufig wird deshalb dann sofort mit der Nachsuche begonnen mit der bekannten negativen Folge des zu frühen Aufmüdens aus dem Wundbett.

ROTWILD

Der ursprüngliche Steppen- und Auenbewohner zeigt auch in seinen aktuellen Lebensräumen eine sehr ausgedehnte Raumnutzung. Genauso weitläufig können sich die Wundfährten bei dieser Wildart gestalten. Als Augentier geht Rotwild gerne an sehr übersichtlichen Stellen ins Wundbett, um den Verfolger möglichst früh eräugen zu können.

SCHNELLES STELLEN

Auf Grund seiner körperlichen Überlegenheit stellt sich verletztes Rotwild sehr schnell dem geschnallten Hund. Ausnahme bilden hier Kälber. Deren Bindung ans Muttertier ist ausgeprägt, und sie können sich nur bedingt wehren. Um den Verfolger loszuwerden, wählen sie daher die Flucht als einzige Möglichkeit. Je nach Dichte und Höhe der Vegetation sind flüchtende Kälber für den hetzenden Hund nicht zu sehen und daher kaum zu fassen.

SCHWERES WILD – DEUTLICHE FÄHRTE

Auf Grund seines vergleichsweise hohen Körpergewichts verursacht Rotwild recht starke Bodenverwundungen und hinterlässt so eine für den Schweißhund gut zu arbeitende Fährte. Die Erfolgsaussichten, ein verletztes Stück erlösen zu können, sind bei dieser Wildart deshalb recht hoch.

Rotwild ist schwer und hinterlässt der Hundenase deutliche Bodenverwundungen.

SIKA- UND DAMWILD

Diese beiden Hirscharten haben eine ähnliche Lebensweise wie das heimische Rotwild. Beide leben in Sozialverbänden und nutzen gerne offene und halboffene Landschaftsteile. Das Verhalten des Sika- und Damwildes bei Beunruhigung oder auch bei Verletzungen unterscheidet sich allerdings deutlich von dem des Rotwildes.

Verletztes Damwild und auch Sikawild drückt sich sehr lange vor Mensch und Hund.

Vor allem Sikahirsche stellen sich dem Hund schnell.

SICH-DRÜCKEN BIS ZULETZT

Auffälligstes Verhaltensmerkmal beider Wildarten ist das „Sich-Drücken". Damwild, bevorzugt verwundete Tiere, verstecken sich häufig im Schutze von Vegetation oder am Boden liegenden Baumwipfeln. Dieses Versteck verlässt es erst im allerletzten Moment. Dieses lange Ausharren im Wundbett ist bei Sikawild noch ausgeprägter. Häufig liegt es mit flach auf den Boden gelegtem Träger im Wundbett. Da es zuvor einige Widergänge gemacht hat, lässt es den Verfolger möglichst an sich vorbeilaufen und flüchtet, teilweise unbemerkt, in die Gegenrichtung.

Stärkere Stücke, vor allem die wehrhafteren Hirsche, stellen sich recht schnell dem hetzenden Hund. Schwache Stücke, vor allem die Kälber, verhalten sich vergleichbar dem Rehwild und flüchten so lange wie möglich.

SCHWEISSHUND UND FÄHRTE

Um sich die erlegte oder verletzt geflüchtete Beute zu sichern, macht sich der Jäger seit jeher den Hund zu Nutze. Der Ahn des Wolfes stellt dabei sein außergewöhnliches Riechvermögen in den Dienst des Menschen. Woran sich der Hund orientiert und welche Schwierigkeiten er zu meistern hat, verrät folgendes Kapitel.

DAS RIECHVERMÖGEN DES HUNDES

Durch die Domestikation hat sich der Mensch neben vielen anderen Eigenschaften des Hundes auch seine hervorragende Nasenleistung zu Nutze gemacht.

Die Riechschleimhaut der Hunde ist mit 85 bis 200 Quadratzentimetern – je nach Länge des Fangs – um ein Vielfaches größer als die knapp fünf Quadratzentimeter große des Menschen. Dementsprechend besitzen Hunde auch das Vierzigfache an Rezeptoren, die Gerüche wahrnehmen können (Mensch fünf Millionen, Hund rund 220 Millionen). Uns Menschen stehen 350 verschiedene Riechzellentypen zur Identifikation zur Verfügung, Hunde dagegen rund 10 000 verschiedene Zellen. Um die ganzen Duftinformationen zu verarbeiten, ist das Riechzentrum im Gehirn der Hunde extrem groß, im Vergleich zu dem des Menschen 40-mal größer. Hunde nutzen dabei zehn Prozent ihrer Gehirnleistung für die Geruchsverarbeitung, wir Menschen nur ein Prozent. Mit dieser anatomischen Grundausstattung sind Hunde in der Lage, schon die geringste Anzahl an Duftmolekülen wahrzunehmen und zu unterscheiden. Mit einer hochfrequenten Riechatmung von bis zu 300 Atmungen pro Minute nimmt der Hund möglichst viele Duftmoleküle aus der Umgebung auf. Selbst eine zeitliche Differenzierung der Duftstoffe gelingt dem Hund. Dadurch vermag er einer Fährte in der richtigen Richtung zu folgen.

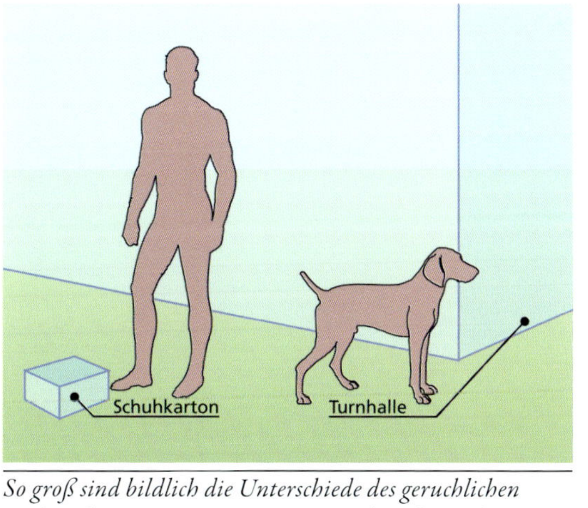

So groß sind bildlich die Unterschiede des geruchlichen Wahrnehmungsvermögens von Mensch und Hund.

DIE WUNDFÄHRTE

Die Fährte eines verletzten Tieres hat mehrere olfaktorische Komponenten, an denen sich die Hundenase orientiert.

Der Schweißhund orientiert sich bei der Arbeit an verschiedenen Komponenten der Wundfährte.

Die Bodenverwundung durch jeden Tritt gilt als wichtigster Fährtenbestandteil für die Hundenase.

BODENVERWUNDUNG

Sie gilt als wichtigster Bestandteil der Fährte. Durch die Schalen (Klauen) des Schalenwilds wird bei jedem Schritt die Oberfläche des Bodens gedrückt, aufgekratzt oder aufgerissen. Da in einer Handvoll Erdboden mehr Lebewesen vorhanden sind, als Menschen auf der Erde leben, ist auch gut vorstellbar, welche Mengen an Organismen durch jeden Schaleneingriff getötet werden. Diese getöteten Organismen verursachen einen für die Hundenase wahrnehmbaren „Verwesungsgeruch". Zusätzlich verursachen die aktiven Organismen durch die Zersetzung der getöteten Mikroorganismen einen erhöhten CO_2-Austausch, den der Hund ebenfalls wahrnehmen kann. Diese Zersetzungsaktivität hat ihren Höhepunkt nach etwa sechs bis zehn Stunden, ist aber auch nach über 70 Stunden noch für die empfindliche Hundenase wahrzunehmen.

WILD- UND WUNDWITTRUNG

Einen weiteren Baustein der Fährte bilden die Informationen des Tieres selbst. Über *Zwischenklauendrüsen*, die zwischen den Schalen der Tiere sitzen, findet eine innerartliche, olfaktorische Kommunikation statt. So kann beispielsweise der mit tiefer Nase suchende Rehbock eine brunftige Rehgeiß über diesen Informationsweg finden. Es wird angenommen, dass auch die „Wundwittrung" über diese Duftdrüsen abgesondert wird und dem Hund Aufschluss darüber gibt, ob ein Stück Wild nur vom Schussknall erschrocken oder doch verletzt ist. Einfach vorstellen kann man sich diesen Fährtenbestandteil, wenn man den Geruch eines trockenen Ackers und den eines frisch gepflügten vergleicht.

Jeder dieser Damhirsche besitzt eine eigene Individualwittrung. Auch sie vermag die Hundenase zu unterscheiden.

PFLANZENDÜFTE

Sie sind für das Riechorgan der Hunde auf der Fährte ein weiterer wichtiger Faktor. Dabei orientiert sich der Hund nicht nur an den offensichtlichen Gerüchen, die von den Duftdrüsen der Pflanzen infolge Beschädigung abgesondert werden. Viel länger kann er durch langsame Welkprozesse von abgeknickten und gequetschten Pflanzenteilen ausströmende Duftstoffe olfaktorisch wahrnehmen.

INDIVIDUALWITTRUNG

Hat der Schweißhund die Fährte auf Grund der oben genannten Komponenten angenommen und folgt er ihr, erkennt er nach kurzer Zeit auch die Individualwittrung des Stückes. Da sich bei allen Säugetieren permanent sowohl die Haut wie auch die Haare erneuern, verlieren die Tiere auch ständig Hautschuppen und Haare. (Ein Mensch verliert 40 000 Hautzellen pro Minute.) Diese ehemaligen Bestandteile des Körpers riechen individuell und sind exakt zuzuordnen. Die sofort beginnende bakterielle Zersetzung der Hautschuppen und der Haare verstärkt ihre Wahrnehmbarkeit und wird gerade im „Mantrailing“ als einzig verwertbarer Duft verwendet.

WITTRUNG DER VERLETZUNG

Als letzter Faktor einer Wundfährte spielen noch die Duftstoffe der Verletzung selbst eine Rolle. Da aber etliche Verletzungen keine Duftstoffe abgeben, weil sich die Wunde verschlossen hat oder eingetrocknet ist, spielt diese Information für Schweißhunde die geringste Rolle. Trotzdem nehmen der Hund und auch der Hundeführer den regelmäßig vorkommenden Schweißtropfen dankbar als Bestätigung und Motivation an. Weiter können beispielsweise Verdauungsbestandteile, Wundsekret oder auch Knochenmark ein olfaktorischer Bestandteil der Wundfährte sein. Sind sie auch optisch sichtbar, liefern sie dem Hundeführer eine Bestätigung der Fährte.

ERSCHWERNISSE

Jagd spielt sich in der freien Natur ab. Daher finden auch die Hunde ständig neue Bedingungen vor, die gerade die Arbeit nach dem Schuss erschweren. Ist sich der Hundeführer dessen bewusst, kann er den Hund unter Umständen unterstützen, indem er beispielsweise vor- oder zurückgreift oder Pausen für den Hund einlegt.

ANDERE HUNDE

Andere Artgenossen beeinträchtigen die Suchenarbeit des Schweißhundes. Ob es sich dabei um einen Artgenossen handelt, der sich schon auf der Fährte versucht hat, oder nur um den Vierbeiner eines Spaziergängers, ist zunächst einmal unerheblich. Die Konzentration des Schweißhundes wird, zumindest kurz, durch die innerartliche Kommunikation unterbrochen. Rüden markieren über die Urinmarken anderer Rüden oder sind von den Pheromonen einer Hündin beeindruckt. Auf alle Fälle muss der Jäger dem Nachsuchenführer gegenüber ehrlich sein und über zuvor bereits eingesetzte andere Hunde Auskunft geben. Vor allem bei Bewegungsjagden ist es hilfreich zu wissen, ob und in welchem zeitlichen Abstand dem beschossenen Stück ein Hund gefolgt ist.

WETTEREXTREME

Die idealen Wetterbedingungen für die Hundenasen sind „Mittelwerte". Darunter sind vor allem eine mittlere Temperatur und eine mittlere Luftfeuchtigkeit zu verstehen. Alle Extreme erschweren die Nasenarbeit. Starker Frost, starker Regen, starker Wind, extreme Trockenheit und

Die Wittrung anderer Hunde beeinträchtigt die Konzentration des Schweißhundes – auf Bewegungsjagden liegt sie überall.

Hitze behindern die olfaktorische Wahrnehmbarkeit der Fährte. Da das Wetter aber nicht zu ändern ist, kann höchstens die Wettervorhersage berücksichtigt und mit der Suche z. B. sofort bei Tagesanbruch begonnen werden, um einem angekündigten Starkregen auszuweichen.

HITZE

Extrem hohe Temperaturen erschweren dem Schweißhund nicht nur die Nasenarbeit, sondern stellen auch eine große Belastung für seinen Kreislauf dar. Selbst hervorragend trainierte Hunde gelangen bei Hitze sehr schnell an ihre konditionellen Grenzen. Auch eine reine Riemenarbeit ohne Hatz strengt den Vierbeiner physisch und psychisch an. Daher sollte der Hundeführer die Suche nach Möglichkeit in die kühleren Stunden des Tages legen.

Der gut eingearbeitete Schweißhund muss der Verlockung frischer Gesundfährten widerstehen.

FRISCHE GESUNDFÄHRTEN

Der Schweißhund arbeitet die Krankfährte aus, damit er zusammen mit seinem Führer Beute machen kann. Da für den Hund aber alles Wild potenzielle Beute ist, bereiten ihm frische Gesundfährten von Wildtieren Schwierigkeiten bei der sauberen Ausarbeitung einer Wundfährte. Gerade in jahreszeitlichen Phasen mit viel Wildbewegung, wie z. B. während der Brunft, hat der Schweißhund massive Probleme, die verschiedenen Fährten auseinanderzuhalten. Vor allem aber muss der Hund auch den Willen haben, frische und verlockend duftende Gesundfährten als sogenannte Verleitungen zu ignorieren und der älteren und deshalb weniger „attraktiven" Witterung der Wundfährte zu folgen. Der Hundeführer kann ihn hier nur in Ruhe arbeiten lassen und selbst intensiv nach Pirschzeichen Ausschau halten, um den Hund mit Lob zu bestätigen.

BEWEGUNGSJAGDEN

Für die Arbeit einer Schweißhundenase sind die Gegebenheiten bei Bewegungsjagden vermutlich der „Supergau". Neben den vielen immer vorkommenden Duftstoffen und Erschwernissen sind an einem Drückjagdtag noch etliche weitere Höchstschwierigkeiten vorhanden: Das sind die Fährten der ganzen Stöberhunde, die Spuren der Treiber und zahllose Fährten gesunder, aber gestresster Wildtiere. Außerdem finden sich Anschüsse, Fluchtfährten und Bergespuren von erlegtem Wild. Insgesamt stellen Nachsuchen im Rahmen von Bewegungsjagden für unsere Schweißhunde die Höchstschwierigkeit dar. Aus diesem Grund dürfen solche Suchen in aller Regel nur mit sehr erfahrenen Hunden gemacht werden.

Bei solchen Strecken lässt sich erahnen, was „geruchlich" im Jagdgebiet auch Stunden später noch los ist ...

WECHSELNDER UNTERGRUND

Bei der Fährtenarbeit mit Hunden ist immer wieder zu beobachten, dass den Vierbeinern ein Wechsel des Untergrunds Schwierigkeiten beim Halten der Fährte bereitet. Das ist nachvollziehbar: Hat sich die Nase des Hundes auf den Fährtenverlauf auf z. B. einer Wiese eingestellt, verändert sich die Geruchswahrnehmung für ihn beim Wechsel in eine bewuchsfreie Ackerfläche schlagartig.
Deshalb muss dem Hund bei einem Vegetationswechsel genug Zeit gegeben werden, sich auf die neuen geruchlichen Verhältnisse einzustellen.

WEGE UND STRASSEN

Was für wechselnden Untergrund gilt, gilt natürlich auch für das Queren von Wegen oder Straßen. Auf sehr kurzer Strecke ändert sich dabei der Untergrund gleich zweimal. Zusätzlich sind im Bereich von Wegen auch immer viele weitere, den Hund irritierende Duftstoffe vorhanden, wie z.B. die anderer Vierläufer. Erfahrene Hunde versuchen deshalb erst gar nicht, die Fährte auf dem Weg zu arbeiten, sondern überlaufen ihn, um auf der anderen Seite den weiteren Fährtenverlauf zu suchen.

TIPP

Stellen Sie sich vor, Sie kaufen in einer Bäckerei einen „Coffee to go". Der erste Schluck, noch in der Bäckerei, mundet hervorragend. Trinken Sie dann in der Metzgerei gegenüber wieder einen Schluck, erkennen sie das leckere Getränk von eben nicht mehr. Weil alle Gerüche um Sie herum plötzlich vollkommen verändert sind, empfinden Sie auch den Kaffee völlig anders. So ähnlich dürfte es den Hunden gehen, wenn der Untergrund der Fährte sich verändert.

Wechselnder Untergrund : Wiese, Raps, Saat und Wald – für den Hund jeweils neue Bedingungen

Quert das Wild Waldwege, wird es für den Hund nicht leichter.

IN GETREIDE ODER MAIS

In dichten Getreideschlägen herrscht ein sehr spezielles Klima. Die hohe Luftfeuchtigkeit sollte dem Hund eigentlich gute Bedingungen für die Nasenarbeit bieten. Trotzdem beweist das Verhalten der Vierbeiner immer wieder mehr oder weniger große Schwierigkeiten beim exakten Folgen einer Fährte in einem Getreide- oder Maisfeld. Zu erklären ist dies vielleicht mit dem oft nahezu tropischen Klima in solchen Feldern bei extrem geringer Luftbewegung am Boden. Führt die Fährte schließlich aus dem Feld heraus, folgt ihr der Hund plötzlich ohne erkennbare Schwierigkeiten weiter. Auch hier gilt es für den Hundeführer, Ruhe zu bewahren und den Hund arbeiten zu lassen, bis er diese Schwierigkeit hinter sich gebracht hat.

Bevor wir in die Feinheiten der Nachsuchenpraxis einsteigen, wollen wir erst einmal definieren, was unter „Nachsuche" zu verstehen ist:

Waidmannsheil! Auch in Getreideschlägen herrschen erschwerte Bedingungen für den Schweißhund.

NACHSUCHE UND HATZ

NACHSUCHE IN DER PRAXIS

Liegt ein Stück nicht in Sichtweite des Schützen und sind alle Beobachtungen und Pirschzeichen gewissenhaft analysiert und ausgewertet, muss eine Nachsuche veranlasst werden. Je nach Befund kann es sich dabei um eine kurze Totsuche bis hin zu einer komplizierten, langwierigen Nachsuche mit anschließender Hetze handeln.

Die Nachsuche ist das Verfolgen, Auffinden und gegebenenfalls Erlegen von verletzten, angeschossenen oder verunfallten Wildtieren durch einen Hundeführer mit einem Schweißhund. Das Verfolgen geschieht in aller Regel am langen Riemen. Dabei orientiert sich der spezialisierte Hund an der Wundwittrung, der Bodenverwundung, der Pflanzen- und der Individualwittrung des Tieres und an Schweiß. Flüchtet das verletzte Tier, wird der Hund geschnallt. Er soll das Wild einholen, stellen oder festhalten, Rehwild möglichst abtun, damit es schnell von seinen Leiden erlöst wird.

Bei der Nachsuche ist der Nachsuchenführer Jagdleiter.

Die Anerkennung zum Schweißhundeführer ist in den Jagdgesetzen geregelt. In aller Regel sind diese Personen dazu befugt, verletztes Wild über Jagdreviergrenzen hinweg zu verfolgen. Während der Nachsuche ist der Schweißhundeführer gleichzeitig Jagdleiter und daher auch für die Einhaltung aller gesetzlichen Vorschriften verantwortlich. Der Hund muss meist eine Verbandsschweißprüfung oder vergleichbare Prüfung bestanden haben, sein Führer eine gewisse körperliche Fitness besitzen.

TOTSUCHE JA ODER NEIN?

Deuten die Pirschzeichen auf einen unmittelbar tödlichen Treffer hin (Kammertreffer, bei Rehwild auch Pansen), kann nach einer gewissen Wartezeit die Suche mit jedem brauchbaren Jagdhund unternommen werden, um das wertvolle Wildbret zu sichern.

Die Wartezeit sollte dabei mindestens 30 Minuten betragen, da sonst dem Hund die Suche wegen der Fährtenwittrung der unbeschossenen Tiere unnötig erschwert wird. Nach einer halben Stunde sind diese Fährten schon deutlich weniger verlockend. Auch die intensive Wittrung des beschossenen Stückes selbst hat sich dann etwas verflüchtigt und steht nicht mehr in der Luft, wie dies unmittelbar nach dem Schuss der Fall ist. Das zu frühe Ansetzen des Hundes auf der Fährte des erlegten Wilds hat oft zur Folge, dass der Hund teilweise völlig orientierungslos umherirrt. Die gut sichtbare Schweißfährte wird vom Hund nicht verfolgt und der Hundeführer versteht das alles nicht.

TIPP

Wird der Hund zu früh an der Schweißfährte angesetzt, unterliegt er einer regelrechten Reizüberflutung aus etwaigen Gesundfährten und der intensiven Wildwittrung, die noch in der Luft steht. Uns Menschen ist es auch kaum möglich, nur mit der Nase in einer Großküche eine duftende Blume zu finden. In einem kaum geruchsbelasteten Raum fällt das selbst unserem Geruchsorgan nicht allzu schwer.

„TOTSUCHEN" UND TODSÜNDEN

Wird im Verlauf der Suche festgestellt, dass die Situation falsch eingeschätzt wurde und die vermeintliche Totsuche keine ist, sollte umgehend abgebrochen werden, um eine Nachsuche zu veranlassen. Jedes weitere Experimentieren verringert die Chancen deutlich, das Stück anschließend mit einem Nachsuchenspezialisten von seinen Leiden zu erlösen. Gerade zu diesem Zeitpunkt werden die gravierendsten Fehler begangen, weil diese Situation nicht zu den Standards der Jagdausübung gehört.

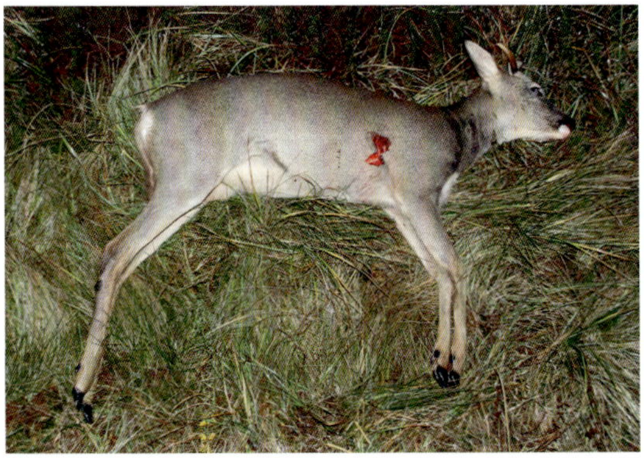

Eindeutige Totsuchen kann der brauchbare Jagdhund erledigen.

Wird der Hund zu früh angesetzt, steht die Wittrung des Wildes noch in der Luft.

EINMAL AUFGEMÜDET – KAUM ZU BREMSEN

Der verständliche Drang des Jägers, das verletzte Tier schnell zu finden, ist aber häufig derart groß, dass er der sichtbaren Schweißfährte so lange folgt, bis das verletzte Stück schlussendlich, aus dem Wundbett aufgemüdet, davonbricht. Da so etwas meist schon innerhalb der ersten Stunde nach dem Schuss geschieht, ist das Tier noch sehr mobil und wird erst nach einer sehr weiten Flucht wieder ins Wundbett gehen.

Ein derart in die Flucht geschlagenes Stück mit einer Nachsuche zu erlösen, wird meist extrem schwierig, weil alle Überlebensstrategien des Wildtieres in diesem Moment greifen. Die Blutung wurde durch Belecken, Blutgerinnung und die Adrenalinausschüttung reduziert oder gar gestoppt. Das Stresshormon Adrenalin dämpft auch den Schmerz und setzt die körpereigenen Energiereserven für Flucht oder Kampf frei – das verletzte Tier bleibt weitgehend mobil. Bei Kontakt zu einem sich nahenden Menschen kommt es so zwangsläufig zu einer langen Flucht, teilweise auf Wechseln, mit Wiedergängen und Haken. All das macht es dem Schweißhund anschließend sehr schwer, die Fährte auszuarbeiten.

Wäre in einem solchen Fall das beschossene Stück mindestens vier Stunden unbehelligt geblieben, hätten sich die Stresshormone abgebaut. Das Tier hätte dann eine deutliche Bewegungseinschränkung infolge der zunehmend schmerzenden Wunde und der umliegenden Hämatome erfahren. Für einen firmen Jagdhund wäre es dann meist ein Leichtes, das Stück einzuholen, zu stellen oder zu halten.

REALISMUS IST GEFRAGT

Gerade bei den vermeintlichen Totsuchen ist Charakterstärke des Jägers gefordert. Er muss den Anschuss und alle sonstige Informationen korrekt einstufen. Während der mutmaßlichen Totsuche muss er die weiteren Pirschzeichen neutral beurteilen und bei Zweifel an einem tödlichen Treffer umgehend abbrechen. Genauso muss er aber auch die Leistungsfähigkeit seines Hundes realistisch einschätzen. In solchen Situationen gilt meistens der Grundsatz „weniger ist mehr“. Bedeutet in diesem Fall, dass meist dann das beschossene Stück schneller zur Strecke kommt, wenn der Jäger weniger auf eigene Faust unternimmt und frühzeitig einen Spezialisten um Hilfe bittet. Nicht selten kommt es auch vor, dass ein Schütze den eigenen Hund, der das Stück am Riemen nicht findet, aus Verzweiflung schnallt. Bei der freien Suche soll der überforderte Hund dann das schaffen, was ihm

So manche falsch eigeschätzte vermeintliche Totsuche endet als überaus anstrengende Nachsuche ...

am Riemen nicht gelang – das beschossene Stück finden. Meist geht dies dann doppelt schief und der geschnallte Hund jagt ein gesundes Stück an. Die Situation wird dadurch noch undurchsichtiger und die Erfolgsaussichten einer späteren Nachsuche sind noch weiter gesunken.
Im Zweifelsfall ist die beste Entscheidung immer, nichts weiter im Gelände zu unternehmen und einen Nachsuchenspezialisten anzufordern.

FLEISCHREIFE
Damit Fleisch zart, aromatisch und saftig zubereitet werden kann, muss es zunächst reifen. Bei der Fleischreife – auch Fleischsäuerung genannt – laufen nach Todeseintritt in der Muskulatur eine ganze Reihe enzymatischer Prozesse ab. Vereinfacht dargestellt ist dies im Wesentlichen eine Milchsäuregärung, die den pH-Wert in der Muskulatur absinken lässt. Für diesen Prozess ist Glykogen, der in den Muskeln eingelagerte Zucker, entscheidend. Fehlen solche Reserven in der Muskulatur, reift das Fleisch nur sehr verlangsamt, weil die Milchsäuregärung ebenfalls nur langsam vonstattengeht. Zu erkennen ist die abgeschlossene Gärung an Hand der vollständigen Totenstarre. Beim anschließenden Reifeprozess, einer enzymatischen Selbstzersetzung des Gewebes, während dieser der pH-Wert im Fleisch wieder ansteigt, wird freigesetztes Wasser als Fleischsaft in den Muskelfasern gebunden. Mit der vollständigen Auflösung der Totenstarre ist dieser Vorgang abgeschlossen und das Wildbret optimal gereift. Unter normalen Bedingungen in einer Kühlung dauert das etwa vier Tage.

EXKURS VERHITZEN

Ein mit Kammerschuss erlegtes Stück Wild liefert grundsätzlich höherwertiges Wildbret als ein nach einer Hatz zur Strecke gekommenes Stück. Lange Fluchtstrecken erhöhen die Körpertemperatur des Wildes und beeinträchtigen so die Fleischreife. Gehetztes Wild hat infolge des Energieverbrauchs sehr viel weniger Glykogen in der Muskulatur eingelagert. So „vorbelastetes" Wildbret reift nur verzögert (siehe Kasten Fleischreifung). Werden durch den Schuss Teile des Verdauungsapparates verletzt, mindert dies die Fleischqualität außerdem erheblich. Über den geöffneten Blutkreislauf gelangen Bakterien in den gesamten Wildkörper.
Zum Verhitzen des Wildbrets – der „stickigen Reife" – kommt es immer dann, wenn ein Wärmestau nach dem Tod eintritt. Statt der erforderlichen Milchsäuregärung entwickelt sich eine Buttersäuregärung zusammen mit Schwefelwasserstoff und Porphyrin (Abbauprodukt von Hämoglobin). Dieser Prozess verursacht eine durchgängige, unappetitliche, bräunliche Verfärbung und einen scharfen, säuerlichen Geruch des Fleisches. So verhitztes Wildbret ist genussuntauglich und nicht mehr für den Verzehr geeignet.
Faktoren, die einen Wärmestau beeinflussen, sind:
Erhöhte Körpertemperatur Wild, das aufgemüdet und gehetzt wurde, sich also über längere Zeit bewegt hat, kann eine um drei Grad höhere Körpertemperatur aufweisen als ruhende Tiere. Sein Wildbret herunterzukühlen, dauert dann entsprechend länger.
Jahreszeit Die Winterdecke bzw. Winter-

Wild in der Kühlkammer. Bei gehetztem Wild setzt die Fleischreife verzögert ein.

schwarte soll das Tier vor Kälte schützen. Zusammen mit der Fettschicht isoliert sie das Tier und verhindert einen schnellen Energieverlust. Umgekehrt ist diese Isolationsschicht dann auch ein großes Hindernis beim Auskühlen des Wildkörpers. Daher verhitzen Sauen in der Winterschwarte sehr viel schneller als solche in der Sommerschwarte.

Umgebungstemperatur und Luftbewegung Die Umgebungstemperatur beeinflusst das Auskühlen erlegten Wildes ebenfalls. Die Temperaturdifferenz zwischen Wild und Umgebung gleicht sich mit der Zeit an. Allerdings puffert stehende Luft diesen Effekt ab. Daher ist entscheidend, ob der Tierkörper an einer windgeschützten Stelle liegt oder nicht. Kann die das Wild umgebende Luft nicht abfließen, findet auch kaum eine erkennbare Abkühlung statt.

Zeitraum bis zum Aufbrechen Je schneller ein Tier aufgebrochen werden kann, umso schneller ist dem Verhitzen entgegengewirkt. Allerdings führt genau dieser Punkt oft zu überhastetem Vorgehen, weil die Sorge um das hochwertige Wildbret den Jäger antreibt.

Abgesehen von zeitnahen, kurzen Totsuchen nach sauberen Kammertreffern weist nachgesuchtes Wild oft „bedenkliche Merkmale" auf und muss – soll es in Verkehr gebracht werden – einer amtlichen Untersuchung zugeführt werden.

ORGANISATION UND ABLAUF DER NACHSUCHE

Zeigt sich, dass das beschossene Stück einen nicht tödlichen Treffer hat, ist eine Nachsuche erforderlich. Um das verletzte Stück zu finden, benötigt der eingesetzte Hund ein hohes Maß an Fährtentreue, Fährtenwille und Finderwillen. Zusätzlich bedarf es einer gewissen Wildschärfe, um im entscheidenden Moment das verletzte Stück auch anzugehen. Ansonsten kann es sein, dass der gut suchende Hund die Dickung, in der die verletzte Wildsau steckt, einfach umgeht, weil es zu viel Respekt vor Schwarzwild hat, unbekümmert eine andere Fährte arbeitet und seinen Führer in die Irre führt.

BEGLEITPERSONEN

Der angeforderte Nachsuchenführer ist während der Nachsuche gleichzeitig Jagdleiter. Da er für die Dauer der Nachsuche für die Einhaltung der Unfallverhütungsvorschriften verantwortlich ist, ist seinen Weisungen unbedingt Folge zu leisten. Aus diesem Grund wird in aller Regel auch nur eine Begleitperson den Schweißhundeführer begleiten, da der sich sonst um die Sicherheit zu vieler Beteiligter kümmern muss. Die Begleitperson sollte ortskundig sein, Jagdreviergrenzen kennen und auch körperlich in der Lage sein, dem Hundeführer über einige Kilometer folgen zu können.

Viele Begleitpersonen möchten den Schweißhundeführer mit einer eigenen Waffe begleiten. Dies ist aber meist nicht erforderlich und eine unbewaffnete Begleitperson für alle Beteiligten sicherer. Spätestens nach zwei Kilometern Strecke ist der Begleiter dann im Stillen auch froh, dass ihm der Schweißhundeführer das Tragen einer Waffe untersagt hat.

KURZWAFFEN NEIN DANKE!

Kurzwaffen sind für Nachsuchen ungeeignet und daher tabu. Die Wirkung ist meist unzureichend und die Treffergenauigkeit des Schützen auf die üblichen Fangschussentfernungen von 20 bis 40 Metern meistens nicht vorhanden. Zudem besteht die Gefahr, dass der Schütze in unwegsamem Gelände die gezückte Kurzwaffe versehentlich abfeuert.

Wildschärfe ist unabdingbare Voraussetzung für einen geeigneten Nachsuchenhund. Die muss er ggf. auch an Schwarzwild zeigen.

WARNKLEIDUNG UND WILDFOLGE

Das Tragen von Warnkleidung ist für alle an der Nachsuche beteiligten Personen Pflicht. Deshalb haben erfahrene Schweißhundeführer immer ein paar zusätzliche Warnwesten vorrätig, denn meistens vergessen die Jäger und Begleiter, eigene Warnkleidung mitzubringen.
Anerkannten Nachsuchengespannen ist es in einigen Bundesländern mittlerweile erlaubt, Nachsuchen über Reviergrenzen hinweg ohne Vorabinformation der Jagdpächter durchzuführen. Dessen ungeachtet ist es immer ratsam, die Jagdnachbarn über die anstehende Nachsuche zu informieren, schon allein im Interesse guter Beziehungen. Den zuständigen, ortskundigen Nachbarjäger zu informieren, ist auch deshalb sinnvoll, weil er in der Regel die wichtigsten Einstände, Wechsel und auch Gefahrensituationen in seinem Revier kennt. Immer müssen die Telefonnummern aller umliegenden Jagdpächter mitgeführt werden: Im Vorfeld ist nie klar, wo die Suche endet. Die Kontaktdaten ihrer Revierinhaber zu sammeln und bereitzustellen, ist eine wichtige Aufgabe der örtlichen Kreisjägervereinigungen.

FANGSCHUSS UND VORSTEHSCHÜTZEN

Bei einer Nachsuche gibt stets nur der Hundeführer Fangschüsse ab. In der Regel kann er am besten abschätzen, wann ein Schuss ohne Gefährdung von Hunden und anderen Personen möglich ist. Meistens hat der Schweißhundeführer große Erfahrung im

In aller Regel reicht es, wenn der Nachsuchenführer bewaffnet ist.

Ortskundige Revierinhaber können wichtige Informationen liefern.

Fangschusssituationen sind heikel. Erfahrene Nachsuchenführer bewahren immer die Ruhe.

Geeignete Bekleidung und moderne Technik gehören heute einfach dazu.

Umgang mit Fangschusssituationen und bewahrt dabei am ehesten Ruhe.
In Ausnahmesituationen kann der Nachsuchenführer als Jagdleiter einen anderen Schützen zur Schussabgabe ermächtigen. Bei Äser- und Gebrechschüssen können die Tiere meistens nur durch geschickt platzierte Vorstehschützen erlöst werden. Diese Schützen sind vor allem auf bekannten Fernwechseln postiert und daher vom Schweißhundeführer ebenfalls zur Fangschussabgabe ermächtigt.

BEGLEITFAHRZEUG UND MODERNE TECHNIK

Oft hat es sich bewährt, wenn ein Begleitfahrzeug schnell greifbar ist. Als Fahrer eines solchen Fahrzeugs ist der Begleiter häufig eine größere Unterstützung für den Schweißhundeführer, als wenn er unter großer Anstrengung versucht, dem Gespann zu Fuß zu folgen.

Ein Hundeführer, der ernsthaft Nachsuchen betreiben möchte, sollte auch alle verfügbaren technischen Möglichkeiten nutzen. Sie erhöhen die Erfolgschancen und schützen die Gesundheit und Sicherheit aller Beteiligten. Zu diesen technischen Möglichkeiten zählen Hundeschutzwesten, Hundeführerschutzkleidung, Ortungsgeräte, Mobiltelefon und unter Umständen auch Funkgeräte.

SUCHEN WANN – DIE ENTSCHEIDUNG

Hat der Schütze die Pirschzeichen am Anschuss und alle weiteren Informationen wie Zeichnen, Flucht und Geräusche zusammengetragen und ausgewertet, folgt daraus in aller Regel eine der folgenden vier mögliche Entscheidungen:

1. Kontrollsuche, weil Fehlschuss vermutet
2. Totsuche nach einer kurzen Wartezeit, da vermutlich Kammertreffer

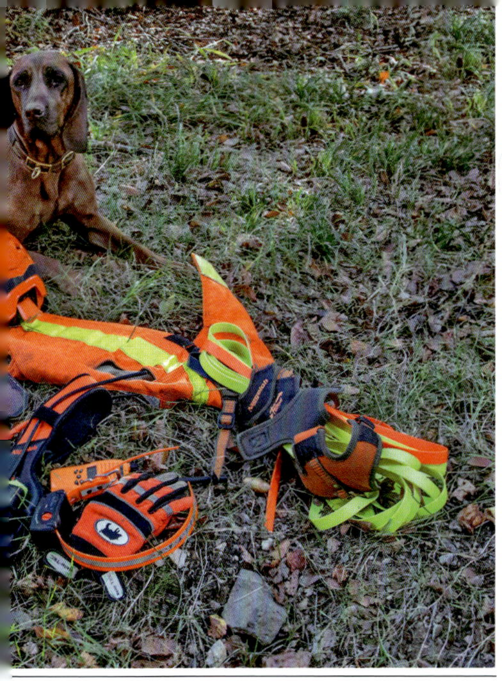

3. Totsuche nach einer Wartezeit von rund 30 Minuten, da Pansenschuss bei Rehwild
4. Nachsuche, da nicht sofort tödlicher Treffer gegeben. Hier ist je nach Trefferlage eine Wartezeit zwischen vier und zehn Stunden bis zum Nachsuchenbeginn einzuhalten.

Welche Mindestwartezeiten je nach Treffersitz und Wildart einzuhalten sind, wurde in der Tabelle Seite 84/85 bereits angegeben.

„KRANK WERDEN LASSEN"

Wie schon vorher beschrieben, steht Wild unmittelbar nach dem Schuss unter erhöhtem Stress. Dieser Erregungszustand wird durch Stresshormone noch eine gewisse Zeit aufrechterhalten.
Hat das flüchtende Tier eine Stelle gefunden, an der es sich sicher fühlt, verweilt es dort. Bleibt das Stück längere Zeit stehen, entsteht ein „Tropfbett" durch den herabtropfenden Schweiß. Tut es sich nieder, dann ist dort ein „Wundbett" zu finden: ein Lager am Boden, in dem der Schweiß meist auf dem Untergrund verrieben oder abgestreift ist.
Wird das Tier nicht weiter gestört, kommt es im Wundbett zu einem schnellen Abbau des Erregungszustandes, das Stück „wird krank": Adrenalin baut sich ab, die Wunde und umgebende Hämatome beginnen zu schmerzen. Die Wundinfektion bewirkt eine zunehmende Erwärmung, Schwellung und Funktionsstörung von Gewebe oder Organen. Den zunehmenden Schmerz beantwortet der Organismus mit der Ausschüttung von schmerzreduzierenden Botenstoffen wie z. B. Serotonin.
Das Tier verfällt in einen lethargischen Zustand, der gern als „Wundfieber" bezeichnet wird. Wird das beschossene Stück in dieser Phase in Ruhe gelassen, verendet es häufig, ohne noch weiteren Stress und Angst zu erfahren. Wird es nach Einhalten der Wartezeit verfolgt und gefunden, fällt ihm die Flucht zunächst sehr schwer. Der Bewegungsablauf ist durch die Wundreak-

TIPP

Das Phänomen schmerzreduzierender Botenstoffe kennen wir alle: Fassen wir in sehr heißes Wasser, tut das weh. Der Schmerz lässt aber schon nach kurzer Zeit wieder nach, obwohl das Wasser nicht kälter geworden ist. Die sogenannten Nozizeptoren der Haut senden infolge schmerzhemmender Vorgänge nur noch ein reduziertes Schmerzsignal aus.

In der Dunkelheit werden nur sichere, kurze Totsuchen durchgeführt!

Nachsuchen sind anstrengend genug. Im Hochsommer finden sie daher nicht in der Mittagshitze statt.

tion, die Funktionsstörungen und Prellungen stark eingeschränkt. Von einer schweren Schienbeinprellung oder einem Bänderriss im Knöchel kennen das manche: Mit der frischen Verletzung ist die Bewegung zunächst nur eingeschränkt, am nächsten Morgen jedoch kaum mehr möglich.

In so einem Zustand ist das Stück für den versierten Jagdhund leicht zu verfolgen, zu stellen oder festzuhalten. Wird das Stück aber unmittelbar nach dem Schuss gestört oder gar verfolgt, mobilisiert es alle Kräfte und flüchtet unter Schmerzen panisch und oft sehr weit davon. So eine Flucht bedeutet nicht nur unnötige Qualen für das verletzte Stück, sondern birgt weitere Risiken für z. B. den Straßenverkehr, wenn das Tier dabei Straßen überquert.

NACHSUCHEN – NICHT NACHTSUCHEN

Ein weiterer Faktor, der die Wartezeit beeinflusst, ist das Tageslicht. Wird Wild in der Abenddämmerung beschossen und deuten die Pirschzeichen auf einen nicht sofort tödlichen Treffer hin, muss bis zum Morgen mit der Nachsuche gewartet werden. Auf keinen Fall sollten solche Fährten in der Nacht durchgeführt werden. Die Gefahr, das Stück aufzumüden, ohne es erlösen zu können, ist zu groß. Auf die Gefahren einer nächtlichen Hatz durch den Hund wird auf Seite 117 ff. noch ausführlicher eingegangen.

NICHT BEI HITZE SUCHEN

Am frühen Morgen beschossenes Wild kann gegen Mittag nachgesucht werden, sofern die Temperaturen dies bedenkenlos zulassen. In den Sommermonaten ist es der Gesundheit des Hundes zuliebe ratsam, die Nachsuche entweder am frühen Morgen oder erst gegen Abend durchzuführen. Kommt es bei großer Hitze zu einer Hatz, besteht nämlich die Gefahr eines tödlichen Kreislaufkollapses beim Hund.

DIE HETZE

Wird das kranke Stück Wild vor dem Nachsuchengespann aus dem Wundbett hoch, muss der Hund zur Hetze geschnallt werden. Die Hatz ist eine der aufregendsten und emotional anstrengendsten Situationen der Jagdausübung mit Hund. Der Grat zwischen Erfolg und Misserfolg ist hierbei sehr schmal. Das reicht von einer erfolgreichen Hatz mit einem erlösten Tier über die Fehlhatz bis hin zum verletzten oder gar getöteten Jagdhund. Das muss jedem Hundeführer klar sein, der seinen Hund zur Hatz schnallt.

SCHNALLEN – JETZT!

„Nachsuche ist zunächst einmal Riemenarbeit." Diese alte Regel hat nach wie vor unumstrittene Gültigkeit. Eine optimale Unterstützung des Hundes beim Arbeiten der Fährte und beim Finden von Pirschzeichen verlangt zwingend, dass der Hundeführer dem Hund am langen Riemen folgt. Nur dann kann er auch den Hund an abspringendem gesundem Wild zurückhalten.
Die beiden Momente, in denen der Hund bewusst geschnallt wird, sind einfach zu benennen.

DAS KRANKE STÜCK WIRD HOCH

Verletzte Tiere, die aus dem Wundbett abspringen, sind meist gut zu erkennen. Oft sind ihre ersten Fluchten etwas unkoordiniert, weil die Beweglichkeit des Tieres beeinträchtigt ist. Das wird an seinem Bewegungsablauf, aber auch an den Fluchtgeräuschen, wie z. B. brechenden Ästen, deutlich. Oft sind schlenkernde Gliedmaßen, die Ausschussverletzung oder herabhängendes Gescheide zu erkennen. Jetzt muss der Hund sofort geschnallt werden.
Kann diese Beobachtungen nicht der Hundeführer selbst machen, gelingt das häufig den Begleitern des Gespanns, weil sie in aller Regel in etwas offenerem Gelände folgen und eine bessere Sicht haben. Auch den eventuell abgestellten Vorstehschützen

Auf der Hatz

Kann der Vorstehschütze nicht schießen, muss er den Nachsuchenführer umgehend informieren.

Am warmen Wundbett wird der Hund geschnallt.

kann das verletzte Wild kommen, ohne dass sich eine Möglichkeit zum Schuss bietet. In beiden Fällen müssen Begleiter oder Vorstehschützen den Hundeführer umgehend informieren, damit dieser den Hund so schnell wie möglich schnallen kann.

AM WARMEN WUNDBETT

In manchen Situationen wird das flüchtende Tier weder gesehen noch gehört, weil z. B. das Wild Wind vom nahenden Gespann bekommen und schon sehr früh das Wundbett verlassen hat. In solchen Fällen ist ein verweisender und fährtentreuer Hund außerordentlich wichtig. Er wird dem Hundeführer das Wundbett anzeigen. Legt der Hundeführer eine Hand in das Wundbett, kann er an dessen Wärme erkennen, dass das Lager vor kurzem noch benutzt war. Frische Pirschzeichen sind ein

Erfolgreiche Hatz

weiteres Indiz: Das Stück hat also bis eben hier gelegen. Auch jetzt kann bzw. muss der Hund geschnallt werden.

IM VERTRAUEN AUF DEN HUND ...

Nur wenn sich der Hundeführer einer der beiden oben genannten Situationen ganz sicher ist, sollte der Hund zur Hatz geschnallt werden.
Sehr erfahrene Schweißhunde zeigen ihrem Führer diese Situationen eindeutig durch verschiedene Verhaltensweisen an. Wer seinen Hund zweifelsfrei „lesen“ kann, erkennt dessen Signale und schnallt ihn im vollen Vertrauen darauf. Dies muss in der Praxis aber die absolute Ausnahme sein, weil dem Hundeführer klar ist, dass eine Fehlhatz enorm an den Kräften des Hundes zehrt und die Erfolgsaussichten eines zweiten Hatzversuchs sinken.

SCHNALLEN? NEIN!

Oft genug kommt es am Ende der Riemenarbeit aber zu Situationen, in denen der Hund nicht ohne weiteres oder gar nicht geschnallt werden darf.

KEINE SICHERE IDENTIFIZIERUNG

Bei der Suche am langen Riemen springt plötzlich ein Stück oder gar mehrere vor dem Hund ab. Der Hundeführer ist sich nicht zweifelsfrei sicher, dass es sich dabei um das verletzte Wild gehandelt hat. Zur Vermeidung einer kraftzehrenden Fehlhatz muss das zunächst geklärt werden. Dazu kann der Hundeführer zusammen mit seinem Hund versuchen, das Wund- oder Tropfbett des Stücks zu finden. Alternativ kann er der Fluchtfährte noch eine gewise Strecke folgen, um intensiver nach Pirsch-

In der Nähe von Straßen und Bahnlinien ist höchste Vorsicht geboten – ein Schnallen des Hundes verbietet sich hier aus Sicherheitsgründen oft.

zeichen Ausschau zu halten. Häufig streift das anfangs unkoordiniert flüchtende Tier auf den ersten Metern Schweiß an der Vegetation ab. Sobald durch Pirschzeichen der Verdacht bestätigt ist, kann theoretisch der Hund geschnallt werden. Allerdings ist den nachfolgenden Punkten ebenfalls unbedingt Beachtung zu schenken.

STRASSEN UND BAHNLINIEN

Wie weit eine Hatz geht, kann der Hundeführer selten abschätzen. Immer sollte natürlich versucht werden, eine Hatz ganz zu vermeiden oder es nach Möglichkeit nur zu einer kurzen Hatz mit raschen Stellen und Binden des Wildes kommen zu lassen. Trotzdem muss den Straßen in der Umgebung große Beachtung geschenkt werden. Sobald eine Straße weniger als 1 000 Meter am letzten Wundbett vorbeiführt, ist höchste Vorsicht geboten. Wenn verfügbar, müssen zunächst zwei Begleiter an die Straße eilen, um die Verkehrsteilnehmer zu langsamem und aufmerksamem Fahren anzuhalten, bevor der Hund geschnallt wird. Genau so kritisch sind Bahnlinien für die Sicherheit des Hundes.

Totsuche ja, aber von einer scharfen Hatz ist dieser tapfere Vierläufer überfordert.

Sind die Verkehrslinien zu nah oder stark frequentiert, stellt das Schnallen des Hundes eine die Gesundheit des Hundes und der Verkehrsteilnehmer gefährdende und damit fahrlässige Handlung dar. In solchen Fällen muss dann entweder mit Vorstehschützen gearbeitet werden, oder es wird über die Gefahrenzone hinaus weiter am Riemen gearbeitet und der Hund erst dann geschnallt. Bedeutet schon das weiter flüchtende Wild eine zu große Gefährdung für den Verkehr im unmittelbaren Umfeld, bleibt keine andere Wahl: Die Nachsuche muss abgebrochen werden.

DER FALSCHE HUND

Wurde die Nachsuche in Erwartung einer Totsuche mit einem kurzläufigen oder nicht wildscharfem Hund begonnen und flüchtet dann das verwundete Tier unerwartet, wird der Hund ebenfalls nicht geschnallt. Wird es nicht weiter verfolgt, sucht das kranke Stück bald wieder ein Wundbett auf. Vor einem „hatzuntauglichen", also kurzläufigen oder nicht wildscharfen Hund kann die Flucht allerdings extrem weit und lang dauern. Dies ist gerade bei sogenannten „Hütehatzen" zu beobachten. Dabei verfolgt der wenig scharfe Hund das verwundete Stück, nähert sich ihm aber aus Angst nur auf 10 bis 20 Meter, sodass die Flucht immer weiter geht. So etwas ist weder tierschutz- noch waidgerecht. Deshalb wird die Stelle, an der das kranke Stück zuletzt aus dem Wundbett ging, deutlich markiert, um dort später mit einem hatztauglichen Hund weiter zu arbeiten.

DROHENDE DUNKELHEIT

Selbst wenn am Ende der Riemenarbeit zweifelsfrei das gesuchte Stück aus dem Wundbett hoch wird und die Voraussetzungen für das Schnallen des Hundes so

Die richtige Zeit zum Genießen – aber nicht mehr zum Schnallen des Hundes!

weit gegeben sind, ist noch ein letzter Punkt zu beachten, der unter Umständen das Schnallen verbietet: die Tageszeit. Ein Schnallen in die Dämmerung hinein ist ein risikobehaftetes Unterfangen. Beginnt die Hatz spät und dauert sie länger als erwartet, ist es rasch finster. Der Hund ist dann zum einen bei Angriffen gestellten, wehrhaften Wildes stark benachteiligt, weil ihm die Sicht fehlt. Aber auch schon durch das Hetzen allein ist seine Gesundheit durch Äste oder Geländehindernisse

Auch an solchen Brombeerverhauen wird der Hund nicht aus Bequemlichkeit zur freien Suche geschnallt.

bedroht, die er nicht oder erst zu spät erkennt. Zusätzlich ist das Auffinden eines Bails, eines Standlauts also, in der Dunkelheit mühsam und ebenfalls nicht ganz frei von Gefahr. Zu guter Letzt ist das Anbringen eines Fangschusses ohne Tageslicht eine kaum zu bewältigende Aufgabe für den Hundeführer.

BEQUEMLICHKEIT

Dichte Vegetation wie Mais- oder Rapsschläge oder auch Brombeer- oder Schwarzdornhecken veranlassen Hundeführer häufig dazu, den Hund ohne Bestätigung durch Pirschzeichen zu schnallen. Mit der Begründung, der Riemen behindere den Hund nur bei der Arbeit, wird der Vierläufer in die Ungewissheit entlassen. Tatsächlich ist es aber nur die Bequemlichkeit, um nicht zu sagen Faulheit des Hundeführers, die ihn den Hund alleine in das Dickicht schicken lässt.

Von allen möglichen Entscheidungen hat er die mit Abstand schlechteste getroffen, denn von diesem Moment an kann er seinem Hund weder helfen noch ihn bei gefundenen Pirschzeichen bestätigen, geschweige denn an einer sich stellenden Sau unterstützen oder von einer Hatz abhalten. Besser ist es, dem Hund auf allen vieren zu folgen oder die Dickung mit dem Hund zu umschlagen und am Riemen eine Vorsuche zu machen. Ist das verletzte Tier wieder aus der Dickung gewechselt, zeigt dies der fährtentreue Hund an: Die Suche kann weitergehen. Verweist der Hund keinen Auswechsel, steckt das verwundete Stück Wild noch in der Dickung und kann mit Vorstehschützen unter Umständen schneller erlöst werden als mit einer stets gefährlichen Hatz.

DIE GEFAHREN DER HATZ

Jede Hatz birgt etliche Gefahren, vor allem für Hund und Führer, aber auch für unbeteiligte Passanten. Dessen muss sich jeder Hundeführer bewusst sein.

VERLETZUNGEN UND STÜRZE

Übliche Gefahren, denen der Schweißhund im Gelände ausgesetzt ist, sind Stürze oder Abstürze mit Folgen wie Prellungen, inneren Verletzungen, Knochenbrüchen oder gar tödlichen Verletzungen. Weiterhin kann sich der Hund auf der Hatz an Ästen, Reisig oder Totholz Prellungen, Schürfungen, Stichwunden oder Augenverletzungen zuziehen. Zu schweren Muskel- und Bänderverletzungen kann es ebenfalls kommen.

WEHRHAFTES WILD

Wehrhaftes Wild kann den Schweißhund durch Schläge, Tritte, Bisse oder Stiche verletzen oder gar töten. Dabei kann eine Gams für den Hund gefährlicher sein als ein 100 Kilogramm schwerer Keiler. Die Gefahr einer Stichverletzung durch ein Rothirschgeweih ist weniger relevant als die durch die Tritte eines Alttieres: Vor einem abwehrenden Hirsch zeigt der Hund meist mehr Respekt als vor einem gestellten Alttier.

WITTERUNG

Witterungseinflüsse, vor allem hohe Temperaturen, belasten den hetzenden Hund häufig auch derart, dass er während oder nach der Hatz kollabiert. Der Hundekörper verfügt nur über einen relativ schlech-

Geschlagen – eine der Gefahren einer Hatz

Todesfaktor Nr. 1 für den hetzenden Hund: der Straßenverkehr

ten Wärmeaustausch, daher kommt es immer wieder zur Überhitzung gerade bei großer Anstrengung. Als Sofortmaßnahme ist eine Kühlung und Wasserzufuhr erforderlich. Bei großer Hitze ist allerdings abzuwägen, ob eine Hatz nicht in jedem Fall ein zu großes Gesundheitsrisiko für den Hund darstellt.

FANGSCHUSSSITUATIONEN

Eine weitere häufige Verletzungs- oder Todesursache bei Schweißhunden sind die Fangschusssituationen. Vorschnell abgegebene Fangschüsse, vom Wildkörper abgelenkte Projektilteile oder Knochensplitter, an Ästen abgelenkte Projektile oder abprallende Projektilreste sind hier das Risiko. Wie schon beschrieben, gibt in aller Regel nur der Hundeführer den Fangschuss ab. Trotz aller Umsicht kann es trotzdem immer wieder einmal vorkommen, dass hierbei ein Hund verletzt oder gar getötet wird. Aus diesem Grund ist, wann immer möglich, die kalte Waffe der Schusswaffe vorzuziehen.

STRASSENVERKEHR

Die häufigste Todesursache bei der Hatz stellt aber der Verkehr und hier vorrangig der Straßenverkehr dar. Verfolgt der Schweißhund ein krankes Tier, ist er im „Jagdmodus" und erkennt die Gefahr durch annähernde Fahrzeuge nicht. Sein Blick ist dann derart auf die Beute fokussiert, dass der Hund Gefahren von der Seite gar nicht wahrnimmt. Auffällige Hundeschutzwesten erleichtern den Autofahrern das frühzeitige Erkennen des Hundes. Zudem ist die moderne Ortungstechnik mit einem schnell greifbaren Begleitfahrzeug eine weitere Option, um den Hund gegebenenfalls vor der Straßenüberquerung abzufangen. Auf alle Fälle ist ein sehr umsichtiges Schnallen in zersiedelten Landschaften erforderlich, alleine schon, um auch Verkehrsteilnehmer nicht zu gefährden. Fahrzeugführer können erschrecken und reflexartige Ausweichmanöver bei einem plötzlich auftauchenden Hund oder Stück Wild dann zu Kollisionen mit Hindernissen oder dem Gegenverkehr führen. Von den möglichen haftungsrechtlichen Folgen ganz zu schweigen ...

MASSNAHMEN ZUR GEFAHRENMINIMIERUNG

Weste und Glöckchen Wird ein Schweißhund geschnallt, muss er eine Schutzweste, wenigstens aber eine Signalweste tragen. Dadurch wird er besser erkannt: von Verkehrsteilnehmern, wenn er in die Nähe von Straßen läuft oder diese quert, aber auch vom Hundeführer, der bei der Fangschussabgabe dann leichter den Überblick bewahrt. Eine kleine Glocke an der Halsung oder an der Weste des Hundes liefert dem Hundeführer nochmals zusätzliche Informationen, vor allem in ganz dichter Vegetation.

Ortungstechnik Ohne ein GPS-Ortungsgerät ist das Schnallen zur Hatz eines Schweißhundes eigentlich nicht mehr vorstellbar und auch nicht mehr zeitgemäß. Mit den modernen Ortungsgeräten bekommt der Hundeführer in Echtzeit Informationen über den genauen Standort, die Geschwindigkeit, die Bellaktivität und Laufrichtung des Hundes. Diese Daten sind hinterlegt mit verschiedenstem Kartenmaterial, mit dem der Hundeführer seinen Hund schnell finden oder orten kann. Vor einer Straßenquerung kann er den Hund dann vielleicht abfangen oder zumindest den Verkehr warnen.

Auch der Standort der Begleiter kann angezeigt werden, sodass auch diese Personen im Notfall zur Unterstützung dirigiert werden können.

Mittlerweile ist sogar eine Kommunikation mit dem Hund über diese Ortungs-

Eine signalfarbene Weste ist ein Muss für einen ggf. hetzenden Nachsuchenhund.

halsbänder möglich. Damit könnte dem Hund auch ein Stoppbefehl übermittelt werden, was während der Hatz allerdings einen herausragenden Gehorsam voraussetzen würde.

Sämtliche Daten der Nachsuche werden von den aktuellen Ortungsgeräten exakt

Moderne Ortungstechnik sollte in heutiger Zeit auch zum Standard zählen.

Ein Fangschuss am Wundbett erspart die riskante Hatz …

aufgezeichnet, was z. B. auch bei Rechtsstreitigkeiten der Erhellung der Umstände dienen kann.

BEGLEITFAHRZEUG

Um einem Hund schnell helfen zu können, ist ein Begleitfahrzeug mit Fahrer in aller Regel das beste Mittel. Hetzt der Hund weiter als gedacht, kann der Begleiter den Hundeführer hinter dem Hund her fahren. Ist die Begleitperson außerdem ortskundig und mit der Reviersituation gut vertraut, erahnt sie häufig schon das Ziel der Flucht. Dann kann mitunter dem verletzten Stück Wild und dem Hund der Weg abgeschnitten werden, ein Fangschuss angetragen oder der Hund vor einer Gefahrenstelle eingefangen werden.

POLIZEIHILFE

Bei Wildunfällen mit anschließender Nachsuche und Hatz kann auf die Unterstützung der Polizei zurückgegriffen werden. Die meisten Wildunfälle passieren in der Dämmerung oder nachts. In aller Regel wird der Jagdpächter oder einer seiner Jäger von der Polizei darüber verständigt. Möglichst umgehend wird an der Unfallstelle kontrolliert, ob sich das verunfallte Wildtier im Nahbereich, dann meist schwerstverletzt, befindet und schnell erlöst werden kann. Ist es nicht im Nahbereich der Unfallstelle zu finden, muss am nächsten Tag die Nachsuche erfolgen. Zeichnet sich ab, dass es zu einer Hatz kommen wird, ist es am sichersten, die Polizei hinzuzuziehen und bis zu deren Eintreffen zu warten. Eine kurzfristige Vollsperrung, zumindest von untergeordneten Straßen, ist für die Einsatzkräfte fast schon Normalität und die Hatz kann ohne Gefahr für Hund und Verkehrsteilnehmer erfolgen. Da diese Situation durch einen Verkehrsunfall mit Wild verursacht wurde, wird auch niemand den Polizeieinsatz bezahlen müssen. Wird eine Sperrung dagegen wegen eines von einem Jäger angeschweißten Stückes Wild veranlasst, muss der Einsatz unter Umständen vom Jäger oder dessen Jagdhaftpflichtversicherung bezahlt werden.

Eine Hatz kann deutlich verkürzt werden, wenn dem Schweißhund noch ein Beihund zugeschnallt wird. Im Team sind die Hunde mutiger und oft auch schneller. Doch muss beim Beischnallen beachtet werden, dass sich das gestellte Wild, weil stärker bedrängt, wehrhafter gibt und dass auch das allgemeine Verletzungs- und Unfallrisiko durch jeden weiteren Hund ansteigt.

BESSER ALS EINE HATZ IST KEINE HATZ

Jeder Meter Hatz, der vermieden werden kann, erspart dem Hund eine ganze Reihe von Gefahren. Wie zuvor schon geschildert, ist es deshalb außerordentlich wichtig, den Hund zum richtigen Zeitpunkt und nicht zu früh und gar auf Verdacht zu schnallen. Häufig erblickt der Hundeführer bei der Riemenarbeit das verletzte Tier in seinem Wundbett, noch bevor der Hund geschnallt wurde. Kann der Hundeführer dann bereits einen Fangschuss antragen, dient das sowohl der Risikominimierung als auch dem Tierschutz. Er erspart dem Hund eine risikoreiche Hatz und dem verletzten Tier eine längere, leidensreiche Flucht. Umsichtiges Handeln ist daher nicht nur für den Schweißhund eine lebensverlängernde Maßnahme sondern auch aktiver Tierschutz.

GLAUBENSFRAGE HANDWERKSZEUG

WAFFE UND MUNITION

Über kaum ein anderes Thema wird so viel und kontrovers unter Jägern diskutiert wie über Kaliber, Laborierungen, Waffen und Optik. Ganze Abende können sich die Waidmänner dazu austauschen, ohne zu einem Konsens zu gelangen. Zu unterschiedlich sind teilweise die gesammelten Erfahrungen, Vorlieben und Vorurteile. Das Ganze wirkt zuweilen wie eine Diskussion um Religion. Wir bezeichnen dieses Thema daher auch gern als Glaubensfrage.

Oft können wir uns des Eindrucks nicht erwehren, dass die eine oder andere Stunde Übungsschießen anstelle von Diskussionen mehr Klarheit zu diesem Thema brächte. Wie schon im Vorwort erläutert, werden wir uns hier ausschließlich mit dem Kugelschuss auf Schalenwild beschäftigen.

DAS GEWEHR

Grundvoraussetzung für einen platzierten Schuss ist eine Waffe, die zusammen mit der Optik sauber trifft. Moderne oder überarbeitete Jagdwaffen haben einen maximalen Streukreis von 20 bis 30 Millimetern auf 100 Meter. Größere Streukreise sind sehr selten. Gründe dafür können entweder die Lauferwärmung bei kombinierten Waffen, eine fehlerhafte Montage der Zieleinrichtung, eine schlechte Laufbettung oder eine Unverträglichkeit von Lauf und Munition sein. Bis auf ganz wenige Ausnahmen unter den von uns absolvierten Nachsuchen lagen aber die Präzisionsprobleme beim Schützen und nicht bei der

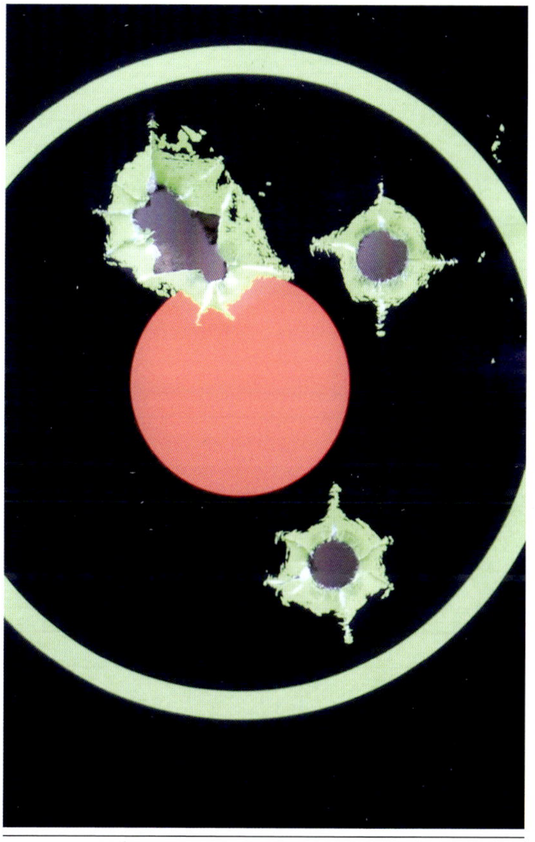

Heutige Waffen streuen in der Regel nur gering.

Waffe. Die aktuell verwendeten Zieleinrichtungsmontagen sind extrem wiederholungsgenau und so robust, dass selbst Schläge infolge Stürzen oder Umfallen der Waffe meist keinerlei Treffpunktverlagerung zur Folge haben.

OHNE ÜBUNG GEHT ES NICHT

Da der Jäger vor, während und nach der Schussabgabe sehr viele Dinge zu beachten hat, muss die Handhabung der Waffe ohne Nachdenken, also „blind", funktionieren. Dies lässt sich nur durch intensives Üben erreichen. Daher ist ein regelmäßiger Schießnachweis eine sinnvolle und qualitätssteigernde Maßnahme, die die Jägerschaft zur Ausübung ihres Handwerks qualifiziert.
Je unkomplizierter eine Waffe zu bedienen ist, desto leichter fällt ihre Handhabung. Daher geht unsere deutliche Empfehlung hin zu klassischen Repetierbüchsen mit Handspannsystem oder Büchsen mit Schlagbolzensicherung.

Regelmäßiges Training dient nicht zuletzt der „Qualitätssicherung".

DER SCHAFT

Ein passender Schaft ist nicht nur bei der Flinte, sondern auch beim Kugelschuss wichtig für den präzisen Schuss. Die Schaftlänge muss genauso zur Anatomie des Schützen passen, wie der Zielfernrohrabstand zu dessen Auge. Die mittlerweile sehr häufig verwendeten Lochschäfte steigern die Schützengenauigkeit durch eine verbesserte Ergonomie und die damit verbundene verbesserte Kontrolle und ermüdungsfreies Anschlagen der Waffe.

DER ABZUG

Nicht zu vernachlässigen ist auch der Abzug der Waffe. Die früher üblichen Stecher werden immer seltener verbaut. Dies aus

Moderne Lochschäfte (r.) haben ergonomische Vorteile gegenüber herkömmlichen Schäften.

gutem Grund. Neben einer erhöhten Gefahr durch eine komplizierte Handhabung und nicht erkennbare Stellung neigen Schützen beim Betätigen des gestochenen Abzugs recht häufig zum Mucken.
Selbstverständlich brachten die Jäger früher sowohl mit kombinierten Waffen als auch mit Stechern hervorragende Trefferergebnisse zu Stand. Allerdings führten die „Alten" in der Regel nur eine Waffe und diese über viele Jahre, sodass sie mit ihr rundherum vertraut waren.
Heutige, sehr trocken stehende und im Abzugsgewicht teilweise individuell einstellbare Direktabzüge eignen sich für den präzisen Kugelschuss deutlich besser. Die Zahl mögliche Fehler- und Unfallquellen ist reduziert und eine sehr angenehme Abzugscharakteristik kommt den Schützenbedürfnissen entgegen.

DIE MUNITION

Das Kaliber – grober Keil auf groben Klotz
Die Frage nach dem idealen Kaliber wird uns immer wieder gestellt. Den Wunsch nach einem Tipp für *das* Kaliber schlechthin können wir so leider nicht erfüllen. Allerdings können wir, unabhängig von auch bei den Kalibern immer wieder herrschenden Trends, ein paar Grundregeln definieren.

1. Das Kaliber muss zur ausgeübten Jagdart passen. Liegen z. B. die Schussentfernungen stets im Bereich von 200 Metern und mehr, wie bei der Gebirgsjagd, muss ein Kaliber mit einer entsprechend weiten GEE gewählt werden.
2. Das Kaliber muss zur bejagten Wildart passen. Haben die erlegten Stücke regelmäßig ein höheres Gewicht als 50 kg, empfiehlt es sich auf jeden Fall, ein Kaliber von mindestens acht Millimetern zu wählen. Ist das Rehwild die zu bejagende Hauptwildart, wäre ein Großwildkaliber sicherlich etwas überdimensioniert.
3. Passende Munition sollte in verschiedenen Laborierungen und Typen verfügbar sein. Exotische Kaliber gibt es teilweise nur in sehr wenigen Varianten und häufig zu sehr hohen Preisen. Ein Grund, warum mancher Jäger ungern an

AUSWAHL VERBREITETER KALIBER MIT BALLISTISCHEN DATEN

KALIBER	GESCHOSS-GEWICHT	V_{100}	V_{200}	E_{100}	E_{200}	GEE	TPL AUF 50 M	TPL AUF 300 M
7 x 64	11,2 g	705 m/s	615 m/s	2780 J	2125 J	161 m	- 2,2 cm	- 44 cm
.308 Win.	11,7 g	700 m/s	620 m/s	3195 J	2260 J	160 m	- 2,2 cm	- 44 cm
.30-06	11,7 g	755 m/s	675 m/s	3335 J	2665 J	172 m	- 1,6 cm	- 34 cm
8 x 57 IS	12,7 g	690 m/s	600 m/s	3030 J	2290 J	158 m	- 2,3 cm	- 47 cm
9,3 x 62	19,0 g	680 m/s	620 m/s	4390 J	3690 J	156 m	- 2,4 cm	- 46 cm
.300 Win. Mag.	11,7 g	850 m/s	790 m/s	4220 J	3405 J	191 m	+ 1,2 cm	- 23 cm

Das Kaliber gibt es nicht … Ob herkömmliche oder bleifreie Munition: Sie muss zu Jagd- und Wildart passen.

Übungsschießen teilnimmt, ist der hohe Munitionspreis. Daher ist günstig erhältliche Übungsmunition der Einstieg zur Verbesserung der Schussleistung des Jägers.

Aus den aufgeführten Gründen empfehlen wir Kaliber, die den allermeisten Jagdanforderungen gerecht werden: 7 x 64, .308 Win., .30-06 oder die 8 x 57 IS. Diese Kaliber gibt es in den verschiedensten Munitionsvarianten, sie eignen sich für schwächeres, aber auch stärkeres Wild und haben meist eine GEE von über 160 Metern. Sind allerdings die Ansprüche an das Kaliber zu gegensätzlich, z. B. Schwarzwilddrückjagd und Gamsjagd in den Alpen, wird sich der Jäger sinnvollerweise eine zweite Waffe oder einen Wechsellauf beschaffen.

Die ersten vier in der Tabelle aufgeführten Kaliber sind universell einsetzbar und für die allermeisten jagdlichen Situationen brauchbar. Die beiden unteren sind eher Spezialisten für schweres Wild auf normale Distanzen (9,3 x 62) bzw. Schüsse auf weite Entfernung (.300 Win. Mag.).

BLEI ODER BLEIFREI – GESPALTENE JÄGERSCHAFT

Spätestens seit 2008, als in einer Studie über verendete Seeadler in 23 % der Fälle eine akute Bleivergiftung als Todesursache ausgemacht wurde, geriet die bleihaltige Büchsenmunition ins kritische Blickfeld verschiedener Interessensgruppen. Zuvor hatte Bleimunition schon, vor allem Schrotmunition wegen Schießstandkontamination und Gewässerbelastung, ein negatives Image. Die oben genannte „Seeadler-Studie“ führte dann bei der Büchsenmunition zu einer völlig neuen Zeitrechnung. Zunächst wurde bleihaltige Munition in den verschiedensten Landesforsten

Ohne Blei oder mit: Noch scheiden sich die Geister, doch bald wird bleifrei zum Normalfall.

verboten. Nach und nach wird dieses Verbot nun auch in die Landesjagdgesetzte der Länder übernommen. Den Schritt hin zu bleifreier Munition hätten wir Jäger selbst offensiv und kontrolliert gehen sollen. Allein schon, um das heimische Wildbret als echtes „Bio-Fleisch“ vermarkten zu können, denn sobald der Verbraucher das Wort Blei hört, lehnt er ein Produkt ab. Leider wurde diese Entwicklung in Mitteleuropa etwas verschlafen und nun durch die Legislative bestimmt.

BLEIFREI WIRD DER NORMALFALL

Die Vorgabe, bleifreie Geschosse zu verwenden, wird aktuell teilweise noch scharf kritisiert. Kritiker der bleifreien Büchsenmunition sind in Teilen auch von wirtschaftlichen Interessen geleitet, verweigern sich aus Gewohnheit anstehenden Veränderungen oder lassen sich von negativen Berichten beeinflussen.

Schon in wenigen Jahren werden wir das bleifreie Büchsengeschoss als völlige Normalität ansehen. Die Hersteller werden die Projektile, welche teilweise schon in der vierten Generation vorliegen, weiter modifizieren. Die Zielballistik oder auch Wundballistik wird weiter optimiert, um die vielfältigen Anforderungen an ein Geschoss möglichst zu erfüllen.

ÜBERZOGENE ERWARTUNGEN

Zu diesem Punkt die kritische Frage, welche wundballistischen Eigenschaften von einem modernen Büchsengeschoss erwartet werden? Unsere ketzerische Antwort: alles. Erwartet wird eine Eier legende Wollmilchsau; also viele Eigenschaften, die in der Summe gar nicht zu erfüllen sind, weil sie sich eigentlich widersprechen.

- Das Geschoss soll schnell töten.
- Es soll möglichst wenig Wildbret zerstören.
- Das Geschoss soll schnell möglichst viel Energie abgeben.
- Das Geschoss soll einen sicheren Ausschuss liefern.
- Das Geschoss soll auf 20 Meter Schussentfernung genauso zuverlässig wirken wie auf Entfernungen von mehr als 250 Metern.
- Das Geschoss soll gleichermaßen gut für ein 20 Kilogramm schweres Stück Rehwild wie auch für 80 Kilogramm schweres Stück Schwarzwild geeignet sein.

Die aktuelle Zäsur böte die Möglichkeit, die extrem hohen Erwartungen an die wundballistischen Eigenschaften der Geschosse kritisch zu überprüfen. Denn

ZU BEACHTEN BEI BLEIFREI

Ein paar Punkte sind bei der Verwendung von bleifreier Munition zu beachten:

- Ein Wechsel auf bleifreie Geschosse gelingt meist am besten, wenn das Mantelmaterial des bleifreien Geschosses identisch mit dem des vormals verwendeten bleihaltigen ist.
- Eine chemische Laufreinigung ist vor dem Wechsel unbedingt zu empfehlen.
- Regelmäßige chemische Laufreinigungen sind sinnvoll, weil die neuen Geschosse verstärkt zu Laufablagerungen führen.
- Mehrere Setzschüsse vor dem eigentlichen Einschießen der Waffe sind erforderlich.
- Nicht jedes bleifreie Geschoss wird von jedem Lauf problemlos verdaut. Dies galt auch schon für bleihaltige Geschosse, bei den bleifreien sind die Unterschiede aber etwas gravierender. Ursachen sind offenbar die höhere Härte der alternativen Materialien, z.T. höhere Gasdrücke und die auf bleihaltige Geschosse abgestimmten Dralllängen.

nüchtern betrachtet erfüllten auch die bleihaltigen Geschosse nicht alle oben genannten Anforderungen zugleich. Auch sie hielten uns Jägern immer wieder unangenehme Überraschungen bereit, die den Einsatz eines Schweißhundes notwendig machten.

BLEIFREI UND NACHSUCHEN

Am Beginn der Entwicklung bleifreier Geschosse gab es bei ihrem Einsatz regelmäßig Anschüsse ohne erkennbare Pirschzeichen und auch deutlich verlängerte Fluchtstrecken. Dies hat sich aber im Laufe der Geschossentwicklung deutlich verbessert. Aktuell sind tendenzielle Unterschiede zwischen bleihaltigen und bleifreien Geschossen in diesen Punkten heute nicht mehr festzustellen. Die Mehrzahl der von uns befragten Jäger äußerte sich durchweg positiv zur Wirkung der bleifreien Geschosse. Verschiedene Produkte entpuppen sich allmählich sogar als deutliche Verbesserung gegenüber den herkömmlichen bleihaltigen Geschossen: eine Entwicklung, die eigentlich auch zu erwarten war.

Die Nachsuchenpraxis der Verfasser gibt keinen Hinweis auf eine „Minderwertigkeit" aktueller bleifreier Geschosse.

ZIELOPTIK UND ZUSATZHILFEN

Gut 120 Jahre nach der Entwicklung der ersten brauchbaren Zielfernrohre bietet der Markt dem Jäger ein breites Spektrum unterschiedlicher Zieloptiken inklusive Montagen an. Eine Reihe weiterer Hilfsmittel ermöglicht außerdem heute waidgerechtes Jagen und den tierschutzgerechten Schuss auf Schalenwild. Manche dienen auch der eigenen Gesundheitsvorsorge.

MONTAGE

Die Zielfernrohrmontage verbindet die Waffe mit der Zieloptik und muss vorrangig zwei Ansprüchen genügen. Erstens muss sie eine absolut feste Verbindung zwischen Optik und Waffe gewährleisten und zweitens das Zielfernrohr stets wiederkehrgenau mit identischer Treffpunktlage aufnehmen. Dazu eignen sich prinzipiell alle aktuellen Montagen, wenn diese fachgerecht angebracht worden sind.
Sehr einfach und dennoch absolut zuverlässig sind die Sattelmontagen von Blaser, die Double Square Montage (DSM) von Mauser, die Sauer Universal-Montage (SUM) von Sauer oder die EAW Schwenkmontage. Neuerdings kommen immer mehr Jagdwaffen mit dem Picatinny System auf den Markt. Dieses nach NATO-Standard genormte Montagesystem kommt aus dem militärischen Bereich. Es hat neben der wiederholgenauen Zielfernrohraufnahme eine enorme Variabilität und ist zudem sehr preisgünstig.

Zielfernrohrmontagen müssen das Zielglas wiederkehrgenau aufnehmen.

ZIELFERNROHR

Das Zielfernrohr ist ein wichtiger Faktor für einen präzisen Schuss. Über die vielen Details und optischen Werte an der Zieloptik könnte beinahe ein separates Buch geschrieben werden. Wir möchten wiederum nur die wichtigsten Punkte für den praktischen Einsatz dazu zusammenfassen.

„Wer billig kauft, kauft zweimal." An der Zieloptik sollte nicht um jeden Cent gefeilscht werden.

Leuchtabsehen bieten nahezu alle Hersteller an. Sie gehören fast schon zum Standard.

Eine hohe Lichtdurchlässigkeit (Transmission) zusammen mit hoher Randschärfe und extrem robuster Verarbeitung sowie Wasserdichtigkeit heute unverzichtbare Eigenschaften der Jagdoptik. Dazu kommt eine variable Vergrößerung. Diese erreicht bei den Spitzenoptiken aktuell den Faktor acht, womit ein Jäger die meisten der Jagdsituationen mit einem Zielfernrohr abdecken kann. Beispielsweise kann mit einem 1,8 –14 x 50er-Zielfernrohr sowohl auf der Drückjagd (Sehfeld 23 Meter) effektiv gearbeitet, als auch im Gebirge ein Schuss auf über 200 Meter präzise angetragen werden. Dazu kommen die modernen Leuchtabsehen, die sowohl am Tag die Zielerfassung erleichtern, als auch in der Dämmerung oder nachts dem Jäger den Treffpunkt dezent, aber deutlich markieren.

Gerade bei der Zieloptik bewahrheitet sich die alte Weisheit: „Wer billig kauft, kauft zweimal." Deshalb empfehlen wir gleich

TIPP

Die Kosten für eine hochwertige Zieloptik sind auf den ersten Blick beeindruckend. Berücksichtigt man allerdings die lange Nutzungsdauer von weit über zwei Jahrzehnten und die lange Garantiedauer von bis zu zehn Jahren, relativieren sie sich. Daher sollten die hochpreisigen Produkte der Marktführer auf jeden Fall in die engere Wahl genommen werden.

WAFFE, KALIBER UND OPTIK – EMPFEHLUNGEN

- Repetierbüchse mit Handspannung oder Schlagbolzensicherung
- Direktabzug
- Lochschaft
- gängige, verbreitete Kaliber ab 7 mm
- aktuelle Zielfernrohrmontage
- variable Optik mit Tag- und Nacht-Leuchtpunkt

Absehenschnellverstellungen gestatten es, unabhängig von der Schussdistanz Fleck anzuhalten.

Gerade in unbekanntem Terrain machen Entfernungsmesser durchaus Sinn.

eine sehr hochwertige Optik, mit der fast alle jagdlichen Situationen mühelos bewältigt werden können.

SONSTIGE HILFSMITTEL

Heute steht den Jägern eine ganze Reihe an Hilfsmitteln zur Verfügung, die die Treffergenauigkeit unterstützen sollen. Nichts davon ersetzt allerdings die regelmäßige Übung mit der Waffe. Manche Produkte können aber tatsächlich zu verbesserten Schießergebnissen führen und haben weitere positive Nebeneffekte.

ABSEHENSCHNELLVERSTELLUNG (ASV)

Die Idee der Absehenschnellverstellung besteht darin, dass der Schütze, unabhängig von der Schussdistanz, immer Fleck anhalten kann. Mit einem zusätzlichen Element am Zielfernrohr kann er die zuvor geschätzte oder gemessene Entfernung zum Ziel einstellen. Somit wird das Absehen an die Flugkurve der verwendeten Munition angepasst.

Das Drehen an der ASV allein gewährleistet allerdings noch keine Treffgenauigkeit auf über 200 Meter Schussdistanz. Gerade diese Schüsse sind sehr anspruchsvolle Jagdsituationen, die vorher intensiv geübt werden müssen.

ENTFERNUNGSMESSER

In unbekannten Jagdgebieten ist ein Entfernungsmesser ein vernünftiges Hilfsmittel, um sich nicht in der Distanz zu verschätzen. Gerade in offenen Landschaften mit sehr weitem Sichtfeld ist die Schätzung von Entfernungen sehr schwierig und bedarf häufiger Übung. Ein kurzer Blick durch den Entfernungsmesser verrät gleich, ob das Stück Wild in erreichbarer Entfernung steht.

Die Aushängeschilder der Zieloptikhersteller beinhalten Entfernungsmesser und teilweise auch schon Ballistikprogramme, die das Leuchtabsehen automatisch an die gewählte Schussentfernung anpassen.

NACHTSICHTGERÄTE

Nachsichtgeräte oder auch Restlichtverstärker sind, aktuell zumindest, in Verbindung mit der Schussabgabe und der Zieloptik nicht erlaubt. Trotzdem finden diese sehr teuren Geräte auch bei der Jagd immer mehr Anwendung. Um ein Stück vor dem Schuss anzusprechen und z. B. zu prüfen, ob es sich nicht um ein führendes Stück handelt oder ein zweites Stück dahinter steht, hat das auch seine (Tierschutz)Berechtigung. Aber gerade bei Nachtsichtgeräten gilt das Prinzip: richtig angewendet – ein Segen, falsch angewendet – ein Fluch.

WÄRMEBILDTECHNIK

Ähnlich wie mit der Nachtsichttechnik verhält es sich mit Wärmebildkameras. Sie sind in Verbindung mit der Zieloptik nicht erlaubt, können aber zur Absicherung der Situation für den Jäger hilfreich sein. So sind z. B. durch höheres Gras verdeckte Frischlinge mit Hilfe der Wärmebildkamera zu erkennen und das vermeintlich einzelne Stück Schwarzwild entpuppt sich als führendes Stück.

Wärmebildgeräte dürfen nicht zur Schussabgabe eingesetzt werden.

(ELEKTRONISCHER) GEHÖRSCHUTZ

Auf der Jagd gehören elektronische Gehörschützer schon fast zur Standardausrüstung. Hauptsächlich werden sie benutzt, um Gehörschäden durch den Schussknall vorzubeugen.

Positive Nebeneffekte: Zumeist steigt die Schusspräzision des Schützen, wenn sein Gehör nicht durch den starken Impulslärm von mehr als 155 dB belastet wird. Häufiger Grund für das „Mucken" ist nämlich nicht, wie oft angenommen, die Angst vor dem Rückstoß, sondern ein Zusammenzucken wegen des lauten Knalls – die durchschnittliche Schmerzgrenze des menschlichen Ohres liegt bei etwa 135dB! Ein Schutz des Gehörs ist also nicht nur aus gesundheitlichen Gründen sehr zu empfehlen.

Eine preiswerte, aber genauso effektive Alternative sind mechanische Gehörschützer. Die dämmen den Knall ebenfalls um bis zu 30dB.

Elektronische und mechanische Gehörschützer dienen der Gesundheitsvorsorge.

SCHALLDÄMPFER

In den skandinavischen Ländern und in Großbritannien sind Schalldämpfer auf der Jagd längst selbstverständlich. Mittlerweile kommt auch in Deutschland zunehmend Bewegung in diese Frage. Als erstes Bundesland gab Bayern 2015 die Verwendung von Schalldämpfern für jagdliche Langwaffen auf Antrag frei, auch in Baden-Württemberg und Rheinland-Pfalz sind diese Hilfsmittel mittlerweile bei der Jagd erlaubt. Andere Bundesländer werden diesen Beispielen hoffentlich folgen.

Neben den erwähnten positiven Effekten Gehörschutz und erhöhte Schusspräzision bieten Schalldämpfer die zusätzlichen Vorteile eines um etwa 30 % reduzierten Rückstoßes und des fast vollständig ausgeschalteten Mündungsfeuers. Erster Effekt steigert die Präzision des Jägers nochmals – das schreckhafte Mucken fällt beinahe gänzlich weg –, der zweite sorgt dafür, dass der Schütze in der Dämmerung nicht mehr durch das Mündungsfeuer geblendet wird und so mehr im Schuss erkennen kann.

In anderen Ländern selbstverständlich, in Deutschland nicht: Schalldämpfereinsatz auf der Jagd

Mündungsschutz gegen das Eindringen von Fremdkörpern: nicht nur auf der Nachsuche unverzichtbar

MÜNDUNGSSCHUTZ UND -VERSCHLUSS

„Der Lauf schießt und die Mündung trifft", lautet eine alte Büchsenmacherweisheit. Für die Präzision einer Waffe ist ganz entscheidend die Stelle, an der das Projektil den Lauf verlässt. Eine unversehrte Mündung ist also wichtiger Garant für die Präzision. Wird die Mündung an z. B. einem Stein deformiert, kann sich der Streukreis der Waffe deutlich verschlechtern.

In der Vergangenheit wurde der Schutz der Laufmündung vor dem gefährlichen Eindringen von Fremdkörpern seitens der Waffenhersteller meist stiefmütterlich behandelt. Einzig die Firma Mauser bietet mit dem „Muzzle Safe" in Verbindung mit einer hinterstochenen Laufmündung einen praxisgerechten Verschluss an. Dasselbe Prinzip verfolgt der für alle Waffen nachträglich montierbare Mündungsschutz der Firma Recknagel, eine Idee unseres Schweißhundeführerkollegen Michael Steiert. In Kombination mit handelsüblichen Laufstopfen wird durch dieses Zubehörteil die Mündung der Waffe nachhaltig geschützt, das Eindringen von Fremdkörpern in den Lauf und der ungewollte Verlust des Laufstopfens verhindert.

DIE AUTOREN

Dipl.-Forstwirt (FH) **Hubert Kapp**, geboren 1964 in Karlsruhe, ist mit der Jagd aufgewachsen. Schon vor der Jägerprüfung widmete er sich der Nachsuchenarbeit. Während des Studiums führte er Jagdhunde und bildete neben Vorstehhunden auch Stöberhunde auf der Schweißfährte aus, später wandte er sich dann den Spezialrassen für dieses Arbeitsgebiet zu. Hubert Kapp führt Schweißhunde verschiedener Rassen und ist ein vom Landesjagdverband Baden-Württemberg anerkannter Nachsuchenführer. Zusammen mit Stefan Mayer gründete er 2005 die Schweißhundestation Südschwarzwald. Das Team aus vier anerkannten Nachsuchenführern und bis zu zwölf Hunden absolviert bis zu 550 Nachsucheneinsätze pro Jahr.

Dipl.-Forstwirt (FH) **Stefan Mayer**, geboren 1968 in Lörrach, wurde während des Studiums zum passionierten Jäger und Jagdhundausbilder. Neben Stöberhunden führt er immer mindestens einen Schweißhund. Mit dem Zwinger „vom Klosterwald" des Vereins Hirschmann zog er Hannoversche Schweißhunde auf. Als freier Redakteur verfasst Stefan Mayer regelmäßig Beiträge für das Jagdmagazin „Wild und Hund", unter anderem zu den Themen Hundeausbildung, Hundeortung, Nachsuchen, Ausrüstung und Drückjagd. Der Pächter eines 400 Hektar großen Schwarzwaldrevieres und vom LJV-Baden Württemberg anerkannte Nachsuchenführer absolviert mit seinen Schweißhunden jährlich bis zu 150 Nachsucheneinsätze.

Die Autoren geben ihr umfangreiches Praxiswissen in Zeitschriftenbeiträgen und auf Vorträgen sowie regelmäßig angebotenen Anschussseminaren im In- und Ausland weiter.

REGISTER

Bildnachweis

Mit 154 Farbfotos von Ralph Benz Tierfotografie (12): S. 22 l., 58 r., 96 o., 103, 105, 108, 110 l., 113, 121 o., 122, 130, 136 r.; Claudia Elbing (1): S. 135 o.; Hubert Kapp (5):S. 64 u., 65, 66 l., 86, 112 u.; Erich Marek Tierbild (12): S. Vorsatz/S. 1, 4, 12, 18 l., 38, 62, 87, 89, 94 beide, 102, 110 r.; Johanna Mayer (1): S. 59; Stefan Mayer (79): S. 7, 18 r., 19 beide, 24 l., 25, 31, 35, 37, 40, 41 beide, 42, 43 , 44 beide, 45, 47, 48 beide, 50, 51, 52 beide, 53, 54, 55, 56 beide, 57, 58 o. und M. , 61 beide, 63, 64 o., 65, 66 r., 67, 68, 69 beide, 70, 71 beide, 72, 73, 74, 75, 77 beide, 78, 79, 80, 81, 82 o., 83 beide, 88, 91, 92, 96 u., 100 r., 104, 107, 112 o., 114 u., 115, 116 o., 121 u., 124, 125, 126 r., 128, 132 l., 133 l., 134 beide, 135 u.; Daniela Mürmann (5): S. 8 l., 29, 99, 109 l., 117; Claas Nowak naturundjagdfotografie (14): S. 8 r., 9, 10, 11, 13, 14, 15, 17 beide, 20, 27, 28, 90, 98; Ekkehard Ophoven (9): S. 24 r., 100 l., 118, 119, 120, 126 l., 129, 131, 1133 r.; Silke Saier (1): S. 136 l.; J. P. Sauer & Sohn GmbH (1): S. 22 r.; Karl-Heinz Volkmar (12): S. 6, 32, 34, 36, 82 u., 93, 97, 101 o. r. und u., 109 r., 114 o., 116 u.; Carl Zeiss AG (2): S. 23 u., 132 r.
Mit 8 Illustrationen von Wilfried Sloman

Impressum

Umschlaggestaltung von init Kommunikationsdesign, Bad Oeynhausen, unter Verwendung eines Fotos von Daniela Mürmann (Titelbild) und eines Fotos von Ralph Benz Tierfotografie (Rückseite). Das Foto vorn zeigt einen Nachsuchenführer mit Schweißhund bei der Anschussuntersuchung, das Foto hinten die Mitglieder der „Schweißhundestation Südschwarzwald".

Mit 154 Farbfotos und 8 Schwarzweißzeichnungen

Unser gesamtes Programm finden Sie unter **kosmos.de**.
Über Neuigkeiten informieren Sie regelmäßig unsere Newsletter, einfach anmelden unter **kosmos.de/newsletter**

MIX
Papier aus verantwortungsvollen Quellen
FSC® C084279

Gedruckt auf chlorfrei gebleichtem Papier

Alle Angaben in diesem Buch erfolgen nach bestem Wissen und Gewissen. Sorgfalt bei der Umsetzung ist indes dennoch geboten. Der Verlag, die Autoren und die Herausgeber übernehmen keinerlei Haftung für Personen-, Sach- und Vermögensschäden, die aus der Anwendung der vorgestellten Materialien und Methoden entstehen können. Dabei müssen geltende rechtliche Bestimmungen und Vorschriften berücksichtigt werden.

ISBN 978-3-440-15052-8
Projektleitung: Ekkehard Ophoven
Redaktion: Ekkehard Ophoven
Gestaltungskonzept: Peter Schmidt Group GmbH, Hamburg
Gestaltung und Satz: Die Herstellung, Korntal
Produktion: Die Herstellung, Korntal
Printed in Printed in Slovakia / Imprimé en Slovaquie

Noch ein Tipp zum Schluss – nach dem Schuss:

Als passionierte Jäger und Hundeführer legen wir vor allem Wert auf eine handwerklich saubere Jagdausübung. Genauso wichtig ist für uns aber auch eine einwandfreie, hygienische Behandlung des kostbaren Wildbrets. Nur so ist die hohe Qualität und der damit verbundene kulinarische Genuss von Wildgerichten gewährleistet. Mehr „Bio" als Wild aus unseren heimischen Wäldern geht nicht. Zu einem köstlichen Wildgericht gehört selbstverständlich auch eine passende Weinbegleitung. Dazu empfehlen wir die sonnenverwöhnten badischen Jägerweine der Winzergenossenschaft Schliengen-Müllheim. Durch ihren ausdrucksvollen Geschmack, verbunden mit einem einzigartigen Design, sind diese Weine eine ausgesprochen

stilvolle Ergänzung zu jedem Wildgericht. Diese Sonder-Edition ist versehen mit beeindruckenden Motiven heimischer Wildtiere. Alle Bilder stammen vom bekannten Jäger und Naturfotografen Erich Marek, der zum Gelingen des vorliegenden Buches durch bereitstellen vieler Fotos beitrug. Mit dem Kauf jeder Flasche unterstützen Sie zusätzlich Jagd und Natur, denn ein Teil des Verkaufserlöses wird zweckgebunden an das Projekt „Lernort Natur" der Badischen Jäger Lörrach e.V. gespendet.

Genießen und Gutes tun…auch das entspricht ganz unserer Philosophie.

Waidmannsheil,

Stefan Mayer Hubert Kapp

Diese ausgesuchten Jägerweine sind erhältlich unter: **www.sonnenstueck.de**